青少年人工智能学习丛书

micro:bit
软件指南

◎ 余 波　邵子扬　刘烘良　编著

电子工业出版社

Publishing House of Electronics Industry

北京·BEIJING

内 容 简 介

本书由浅入深地介绍了 micro:bit 的常用开发软件用法，深入讲解 MakeCode 高级编程功能、移动终端（手机、平板电脑）APP 的应用、MakeCode 扩展模块的开发方法，以及编程中的实际应用技巧。MakeCode 高级编程模块的应用与实践部分也涉及了软件学习和应用相关的硬件知识，使读者对 micro:bit 的使用有一个更全面的了解和认识，以便更好地掌握 micro:bit。

本书案例丰富，注重实践指导，是进一步学习和应用 micro:bit 的好帮手。书中的案例和相关 APP 全部整理在网络云端，读者可以在前言中找到相应下载地址。

本书为青少年创客活动和机器人学习提供全面的参考和实践指导。读者包括对 micro:bit 感兴趣的青少年爱好者、从事 STEM 教育的工作者，以及数学、艺术领域的跨专业爱好者。

未经许可，不得以任何方式复制或抄袭本书之部分或全部内容。
版权所有，侵权必究。

图书在版编目（CIP）数据

micro:bit 软件指南 / 余波，邵子扬，刘烘良编著 . —北京：电子工业出版社，2019.10
（青少年人工智能学习丛书）
ISBN 978-7-121-37434-0

Ⅰ．① m… Ⅱ．①余… ②邵… ③刘… Ⅲ．①可编程序计算器—青少年读物 Ⅳ．① TP323–62

中国版本图书馆 CIP 数据核字（2019）第 207505 号

责任编辑：曲　昕
印　　刷：天津千鹤文化传播有限公司
装　　订：天津千鹤文化传播有限公司
出版发行：电子工业出版社
　　　　　北京市海淀区万寿路 173 信箱　邮编：100036
开　　本：787×1 092　1/16　印张：12.5　字数：208 千字
版　　次：2019 年 10 月第 1 版
印　　次：2019 年 10 月第 1 次印刷
定　　价：69.00 元

凡所购买电子工业出版社图书有缺损问题，请向购买书店调换。若书店售缺，请与本社发行部联系，联系及邮购电话：(010) 88254888，88258888。

质量投诉请发邮件至 zlts@phei.com.cn，盗版侵权举报请发邮件至 dbqq@phei.com.cn。
本书咨询联系方式：(010) 88254568，quxin@phei.com.cn。

Foreword

Coding and computational thinking are foundation skills for the 21st century. Skills that the Micro:bit Education Foundation believes every child should have access to.

The BBC micro:bit began life in the UK back in 2012 and after years of research and product development eventually culminated with 1m BBC micro:bits being distributed to all year 7 children in the UK in 2016. The micro:bit was designed to allow children to get hands on with technology, to unleash their creativity and widen participation.

The BBC micro:bit is a small programmable device. It is easy to program, very versatile, and designed with young learners in mind. In particular its designed to be accessible for people who have never programmed before.

The UK project had huge success with 89% of children who used the micro:bit saying that it showed them that anyone can code and providing a 70% increase in girls saying they would take computing as an option.

The micro:bit has now spread around the world and is available in over 50 countries with national scale projects in Singapore, Denmark, Croatia, Canada to name but a few.

The success of BBC micro:bit is not just down to the innovative hardware device though. It's the micro:bit ecosystem that makes micro:bit such a great tool for educators, children and anyone interested in using tech in inventive and fun ways! Our ecosystem consists of the hardware, peripherals and add ons as well as our great editors. There are also loads of amazing projects, lessons and fun ideas that are freely available online as well as vibrant communities of enthusiasts.

  But the most important component of our ecosystem are the people that use it.

  So, thank you for picking up this book. We at the Micro:bit Educational Foundation wish you good luck on your micro:bit journey!

Sincerely

The Micro:bit Educational Foundation

前言

在《micro:bit 硬件指南》中,我们介绍了 micro:bit 上各种硬件模块的原理和使用方法。而在《micro:bit 软件指南》中,我们将深入介绍 MakeCode 和 Python 的编程方法和技巧,让读者可以快速从入门阶段进入提高阶段,更加自由地编程,灵活创意地应用,享受创造带来的乐趣。

本书主要介绍 micro:bit 的常用开发软件 MakeCode 的高级功能、移动终端(手机、平板电脑)APP 和蓝牙应用、MakeCode 扩展的开发、程序开发技巧等内容。

在软件方面,我们将以 MakeCode 为主要内容,因为 MakeCode 支持图形化编程,是目前最好的图形开发工具之一,它的模拟运行(仿真)功能直观真实,可以在计算机上完美模拟 micro:bit 的很多功能,能够节约大量的下载和调试时间。MakeCode 软件还在不断改进升级中,新版本和以前版本相比增加了很多实用功能,更加适合教学和 DIY(Do it Yourself)。我们可以看到它强大的功能足以满足青少年数字化创意的要求,且在未来的版本中还会给我们带来更多的惊喜,能够兼容的硬件越来越多,势必成为青少年图形化编程中最受欢迎的编程软件之一。

除了图形化编程,MakeCode 同样也支持代码编程,它使用了 Typescript 语言(Typescript 是 Javascript 的超集,为 Javascript 添加了许多扩展,支持 jQuery、MongoDB、Node.js 等)。在微软的大力推动下,经过短短几年时间,Typescript 作为编程语言在 2018 年首次进入 TIOB 编程语言排行榜的前 100 名,然后又迅速进入前 50 名。因为学习 Typescript 需要较多的计算机知识和学习时间,所以本书在代码编程讲解方面还是以 Python 为主。

Python 具有使用简单、学习周期短、功能强大、跨平台等许多优点,因此在网络、科学研究、大数据、机器人、行为分析、人工智能、物联网等许多方面有着广泛应用。特别是很多省市的教育部门已将 Python 和人工智能纳入中小学生的学科学习内容中,因此学习 Python 语言的意义就更加突出了。

学习并掌握 MakeCode 和 Python 并不是最终目的，它们只是学习和研究过程中的工具。在 micro:bit 官网上（https://microbit.org/teach/），我们可以惊喜地发现一个教育生态正蓬勃地发展，可以看到相关的各类课程层出不穷，如基于 STEM 教育的科学、技术、工程、艺术、数学、音乐、舞蹈、运动、计算机……这是应用数字化创意所带来的教育财富，是全球教育发展的新成果。

熟练掌握这些开发工具，可以更好地将所学知识、能力、经验、方法等应用于 micro:bit 创意实践，提高青少年综合素养，激发他们对人文的关怀、情感价值的关注，成为现今常规教育的良好补充。

本书由余波、邵子扬、刘烘良编著。本书的游戏功能部分参考了舟山市定海小学吕启刚老师的程序，在此特别向吕启刚老师表示感谢。

本书的案例和相关 APP 的应用可以在下面网站下载：

https://gitee.com/microbit/Software_guide_reference_program

目录
CONTENTS

第1章　micro:bit 常用开发软件 / 1

- 1.1　MakeCode / 1
  - 1.1.1　MakeCode for micro:bit（Win10）/ 3
  - 1.1.2　MakeCode 离线版 / 3
- 1.2　PythonEditor / 4
  - 1.2.1　MU / 5
  - 1.2.2　PythonEditor 中文社区版 / 6
  - 1.2.3　mpython / 7
- 1.3　Open Roberta / 8
- 1.4　其他软件 / 10
  - 1.4.1　Arduino IDE / 10
  - 1.4.2　Espruino / 12
  - 1.4.3　EduBlocks / 13
  - 1.4.4　Scratch / 15
  - 1.4.5　Mbed OS / 15

第2章　MakeCode 高级编程功能 / 17

- 2.1　函数 / 18
  - 2.1.1　计算并显示圆的面积 / 20
  - 2.1.2　斐波那契数列 / 22
  - 2.1.3　数学黑洞 / 23
- 2.2　数组 / 25
  - 2.2.1　数组类型 / 26
  - 2.2.2　多维数组 / 27

2.2.3　添加 / 删除数据 / 28

2.2.4　数组的常用功能 / 29

2.2.5　计算数组元素累加和 / 30

2.2.6　黑客帝国 / 31

2.2.7　使用二维数组 / 32

- 2.3　文本 / 33
- 2.4　游戏 / 36

2.4.1　精灵的创建、删除和位置 / 36

2.4.2　移动、反弹、旋转 / 36

2.4.3　多个精灵与碰撞检测 / 37

2.4.4　反弹球游戏 / 38

2.4.5　吃豆子游戏 / 39

2.4.6　躲炸弹游戏 / 41

- 2.5　图像 / 43
- 2.6　引脚 / 45

2.6.1　IO 控制 / 45

2.6.2　舵机 / 47

2.6.3　映射 / 50

2.6.4　I2C / 54

2.6.5　SPI / 57

- 2.7　在后台运行（多任务） / 58

2.7.1　后台程序的基本结构 / 58

2.7.2　前、后台程序协同运行 / 60

2.7.3　多个后台任务 / 61

2.7.4　任务切换 / 62

2.7.5　多任务版躲炸弹游戏 / 64

- 2.8　事件 / 65

2.8.1　事件的基本形式 / 66

2.8.2　消息和事件驱动机制 / 67

2.8.3 主动引发事件 / 68

2.8.4 按钮的按下、释放和点击事件 / 69

2.8.5 手势事件 / 69

2.9 其他功能 / 70

2.9.1 重置 / 71

2.9.2 微秒 / 71

2.9.3 设备名称和设备序列号 / 71

2.10 扩展 / 72

2.10.1 添加官方扩展 / 72

2.10.2 添加第三方扩展 / 74

2.10.3 删除扩展 / 76

第 3 章 移动终端 APP 的应用 / 77

3.1 蓝牙通信的扩展应用 / 78

3.1.1 添加蓝牙扩展 / 79

3.1.2 MakeCode 中蓝牙服务 / 80

3.1.3 MakeCode 中蓝牙应用 / 81

3.1.4 MakeCode 中设备扩展 / 82

3.2 蓝牙安全模式 / 84

3.3 恢复默认出厂固件 / 85

3.4 常用的 APP / 86

3.5 micro:bit 官方 APP / 86

3.5.1 配对模式 / 87

3.5.2 配对 / 88

3.5.3 联机 / 90

3.5.4 取消配对 / 91

3.5.5 下载 APP 自带例程 / 92

3.5.6 下载用户程序 / 94

3.5.7 安卓 APP 源码 / 96

- 3.6 用设备扩展与手机互动 / 96
  - 3.6.1 蓝牙连接和断开事件 / 96
  - 3.6.2 控制相机 / 96
  - 3.6.3 控制音乐播放 / 99
  - 3.6.4 发送警报 / 100
- 3.7 Bitty Blue / 101
  - 3.7.1 编写 micro:bit 程序 / 101
  - 3.7.2 配置和连接 / 102
  - 3.7.3 获取蓝牙服务 / 104
  - 3.7.4 加速度测试 / 104
  - 3.7.5 磁场服务 / 105
  - 3.7.6 按钮服务 / 106
  - 3.7.7 LED 显示服务 / 106
  - 3.7.8 温度服务 / 107
  - 3.7.9 IO 服务 / 107
  - 3.7.10 设备信息服务 / 108
- 3.8 nRF Connect APP / 108
- 3.9 micro:bit bitty controller / 110
  - 3.9.1 控制命令 / 111
  - 3.9.2 蓝牙遥控小车 / 113
- 3.10 串口通信 / 114
- 3.11 Droidscript / 116
  - 3.11.1 远程编程 / 118
  - 3.11.2 文档和例程 / 120
  - 3.11.3 发送数据到 micro:bit / 120
  - 3.11.4 从 micro:bit 接收数据 / 122
  - 3.11.5 micro:bit 插件 API / 123

第 4 章 编写 MakeCode 扩展程序 / 124

- 4.1 开发准备 / 125

- 4.2 创建自定义文件 / 127
- 4.3 模板文件 / 131
- 4.4 定义分类位置 / 133
- 4.5 定义颜色 / 134
- 4.6 定义图标 / 135
- 4.7 定义分类名称 / 137
- 4.8 编程模块函数的形式 / 137
- 4.9 参数默认值 / 138
- 4.10 设置参数范围 / 138
- 4.11 自动创建变量 / 139
- 4.12 编程模块名称 / 140
- 4.13 编程模块的显示顺序 / 141
- 4.14 参数不换行 / 141
- 4.15 分页显示 / 142
- 4.16 定义事件 / 143
- 4.17 编写代码和功能测试 / 145
- 4.18 扩展中的其他文件 / 146
- 4.19 创建项目并上传代码 / 149
- 4.20 测试扩展程序 / 152
- 4.21 变量和函数命名原则 / 152
    - 4.21.1 Typescript 原则 / 152
    - 4.21.2 函数命令原则 / 154

第 5 章 应用技巧 / 155

- 5.1 使用安卓手机或平板电脑下载程序 / 155
    - 5.1.1 准备工作 / 155
    - 5.1.2 Python 中 webusb 应用 / 156
    - 5.1.3 MakeCode 中 webusb 应用 / 158
- 5.2 MakeCode 中的实验功能 / 160
    - 5.2.1 开启实验功能 / 160

      5.2.2   打印代码功能 / 162

      5.2.3   绿屏功能 / 164

      5.2.4   调试功能 / 166

      5.2.5   接线说明功能 / 170

● 5.3   图形方式辅助学习代码编程 / 172

● 5.4   MakeCode 编程技巧 / 173

      5.4.1   使用模拟运行 / 173

      5.4.2   使用调试功能 / 174

      5.4.3   使用串口发送数据 / 174

      5.4.4   使用 MakeCode 离线版 / 175

      5.4.5   灵活使用扩展 / 176

      5.4.6   使用 Python 辅助编程 / 176

      5.4.7   使用代码编程方式输入程序 / 176

附录 A   MakeCode 的几种版本 / 178

附录 B   micro:bit 的 Python 彩蛋 / 184

附录 C   参考资料 / 186

第 1 章　micro:bit 常用开发软件

micro:bit 是全世界应用最广泛和最受青少年欢迎的教育开源硬件之一，因此得到了很多软件公司和开源社区的技术支持，为 micro:bit 开发了各种编程软件，让 micro:bit 编程越来越简单并更具有趣味性。正是因为有这些软件与 micro:bit 相配合，才使得 micro:bit 有着强大的生命力和活跃的教育生态圈。

下面将介绍广受全世界青少年和教师欢迎的编程软件和开发工具。

1.1 MakeCode

MakeCode 是微软推出的通用教育编程平台，软件的目标是适合 5 岁以上青少年使用。它的使用方法简单、界面友好，即便是没有任何编程基础的使用者，也可以快速掌握基本使用方法。

MakeCode 的图形化编程非常方便，使用了 Scratch 风格的积木模块，通过拖拉组合的方式，就能快速生成程序。各种积木模块按照功能有序地分类排放，简单明了。

除了图形化编程，MakeCode 也同时支持代码方式编程，可以实现更加复杂的功能，并且两者可以相互转换，方便对照学习（图 1-1 和图 1-2 显示了两种编程界面）。MakeCode 特别适合作为青少年编程的入门学习工具。

软件指南

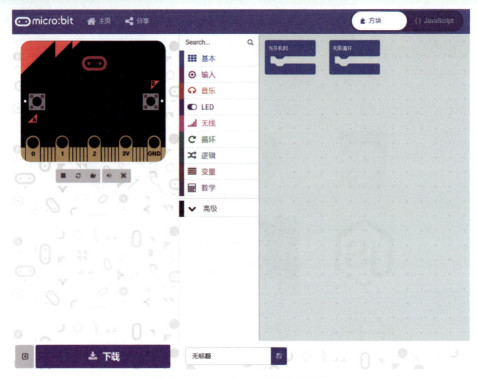

图 1-1　MakeCode 图形编程界面

图 1-2　MakeCode 代码编程界面

在线编程方式省去了软件的繁杂安装步骤和设置过程，并且支持多种操作系统和应用环境，软件还将入门教材和学习案例融为一体，更加容易激发使用者的学习热情。

MakeCode 作为微软设计的通用教育编程平台，除支持 micro:bit 外，还支持多种开源硬件，如 Circuit Playground Express、乐高的 EV3、Cue 机器人、Seeed 的 Grove Zero、Chibi Chip 等，甚至还支持 MineCraft（我的世界）游戏编程。

第 1 章　micro:bit 常用开发软件

特别值得一提的是 MakeCode 还开放了编程的扩展接口，允许其他开发者为 MakeCode 编写扩展程序，增加更多的功能。

- 网站：

  https://makecode.microbit.org/

- MakeCode 主站：

  https://www.microsoft.com/en-us/makecode

1.1.1　MakeCode for micro:bit（Win10）

MakeCode for micro:bit 是官方团队为 Windows10 系统开发的应用程序，它的使用方法和在线版本完全相同，但是可以脱离网络使用。它可以在 Microsoft 应用商店中直接下载。MakeCode for micro:bit 软件如图 1-3 所示。

图 1-3　MakeCode for micro:bit 软件

1.1.2　MakeCode 离线版

MakeCode 离线版和 MakeCode for micro:bit 类似，但是可以支持多种操作系统（不限于 Win10 系统），使用更加灵活。MakeCode 离线版能够完全脱离网络使用，在中小学计算机的编程教学中得到广泛应用，它最大的好处是不受网络的限制，提高了教学效率。MakeCode 官方离线版软件如图 1-4 所示。

除官方的离线版外，还有多种不同的 MakeCode 离线版，其中最有名的是深圳小喵科技公司制作的版本，它除了包含有官方版本的全部功能，还集成了多个常用的扩展，使用更加灵活方便。

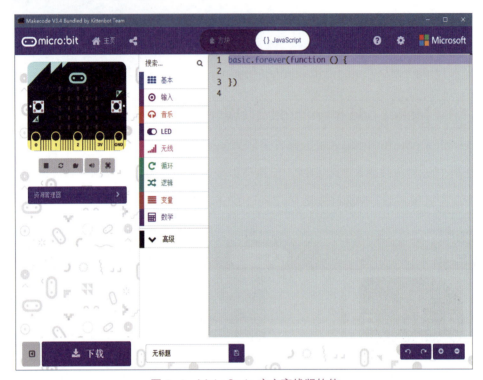

图 1-4　MakeCode 官方离线版软件

- 软件网站：

  https://makecode.microbit.org/offline

1.2　PythonEditor

PythonEditor 是 Python 官方社区为 micro:bit 开发的 Python 在线编程环境，也是 BBC micro:bit 基金会推荐的两大编程工具之一（另一个是 MakeCode）。它用最简单的方式实现了代码编程、固件下载、程序保存和载入、程序分享等功能，是 Python 入门学习非常优秀的工具（参见图 1-5）。

- 软件网站：

  https://Python.microbit.org/

除了官方的版本外，网上还有一些 PythonEditor 的衍生版本，下面是主要的几个版本。

第 1 章　micro:bit 常用开发软件

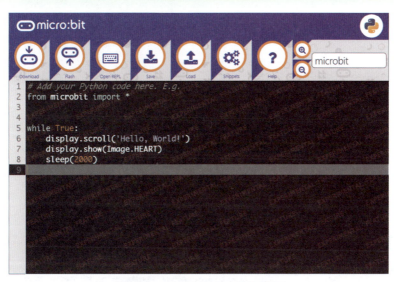

图 1-5　PythonEditor 软件界面

1.2.1　MU

MU 可以认为是 PythonEditor 的离线版。它除了包含 PythonEditor 的基本功能，还支持彩色语法形式、REPL 终端、文件管理、程序下载、串口绘图、代码检查等功能，并支持多种操作系统。MU 软件界面如图 1-6 所示。

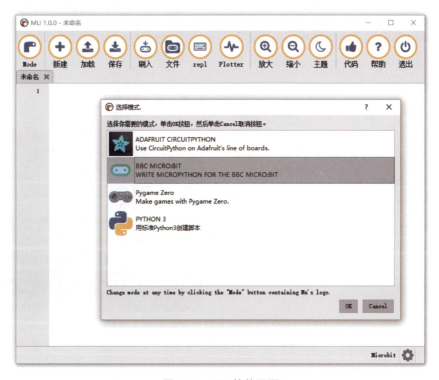

图 1-6　MU 软件界面

- 软件网站：

  https://codewith.mu/

1.2.2 PythonEditor 中文社区版

PythonEditor 中文社区版（参见图 1-7 和图 1-8）是 MicroPython 中文社区为了方便国内的编程爱好者而制作的，在 PythonEditor 基础上，增加了图形化编程、图形程序的保存和载入、模拟运行、多语言、webusb 等功能，只需要一台可以联网的计算机，无须安装任何软件就可以编程，它是 Python 初学者最佳的编程工具之一。

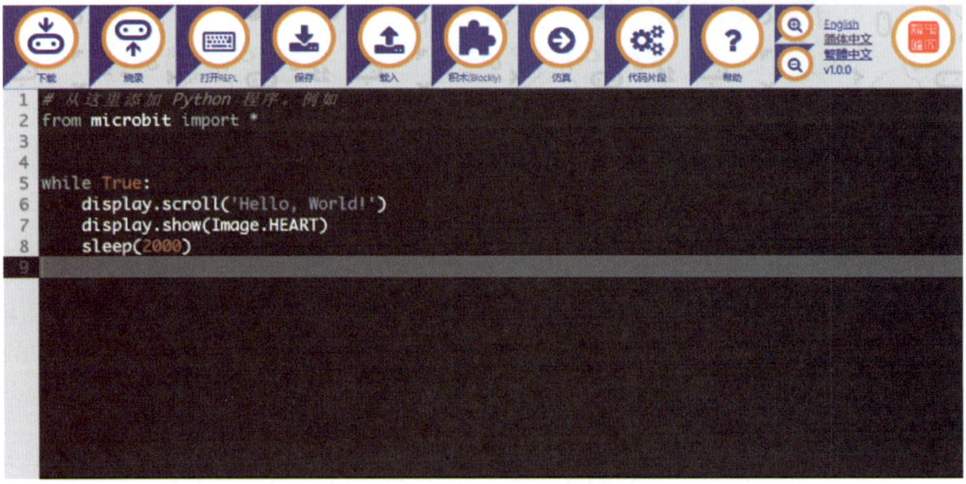

图 1-7　多语言版代码编程

图 1-8　多语言版图形化编程

- 软件网站：

  https://microPython.top

1.2.3 mpython

mpython 是深圳盛思科教技术团队在 BBC 官方原版 PythonEditor 基础上拓展开发的应用软件（参见图 1-9 和图 1-10）。相比原版 PythonEditor，增加了下列功能：

- 不依赖网络，可离线安装使用；
- 支持 hex、Python、blockly 三种代码的读写；
- blockly 模式下支持函数功能；
- 可实现简单仿真；
- 可云端存取项目。

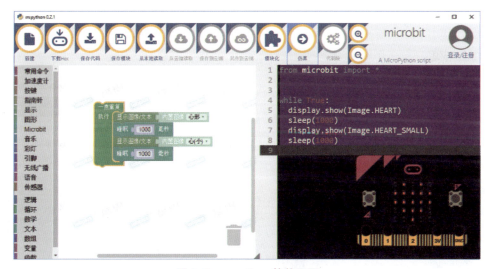

图 1-9　mpython 软件界面

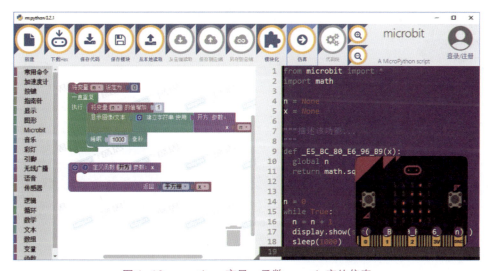

图 1-10　mpython 变量、函数、math 库的仿真

- 软件网站：

  https://www.labplus.cn/software

1.3　Open Roberta

MakeCode 是微软开发的教育编程平台，而 Open Roberta 则是谷歌同德国的 IT 解决方案公司 Fraunhofer IAIS 合作的一个开源项目。谷歌希望通过该平台，能为教师和学生学习小型机器人编程技术提供帮助。

Open Roberta 的用法和 MakeCode 类似，同时支持图形化编程和代码编程两种方式，图形化编程也可以无缝转换到代码编程（参见图 1–11、图 1–12 和图 1–13）。Open Roberta 也带有一个不错的模拟运行功能，可以在下载程序前先模拟运行、测试主要功能、帮助调试。Open Roberta 的模拟运行功能比 PythonEditor 的更强大。

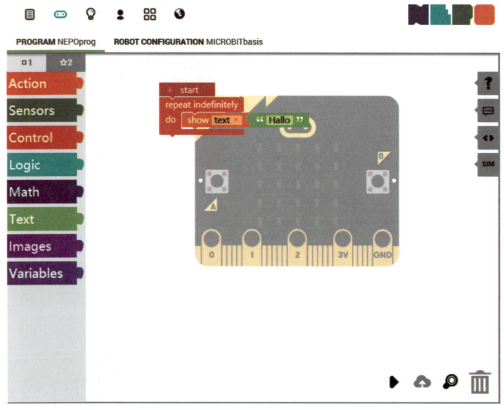

图 1–11　Open Roberta 主程序界面

和 MakeCode 相似，Open Roberta 同样也是一个开放式的编程平台，它支持 Calliope（micro:bit 德国版）、WeDo、EV3、NXT、micro:bit、Bot'n Roll、NAO、

第 1 章　micro:bit 常用开发软件

BOB3 等众多开源硬件和知名厂家的机器人设备，支持 Python、Java、C/C++ 等编程语音，可以为学生、教师创客及机器人活动提供一个非常优秀的学习和编程平台。

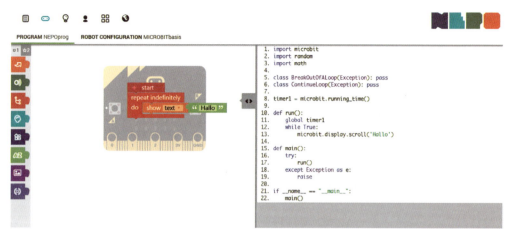

图 1-12　Open Roberta 代码编程

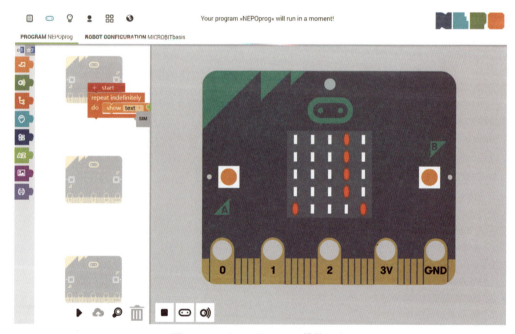

图 1-13　Open Roberta 模拟运行

Open Roberta 也支持多种语言界面，包括简体中文和繁体中文（中文语言是由 MicroPython 中文社区提供的）。

因为 Open Roberta 的服务器在德国，所以目前访问速度不是太快。

- 软件网站：

  https://lab.open-roberta.org/

1.4 其他软件

1.4.1 Arduino IDE

Arduino IDE 作为最流行的数字化创客工具之一，除了支持开源的 Arduino 开发板以外，也支持众多第三方的开源硬件，包括 micro:bit。按照下面方法，就可以让 Arduino IDE 支持 micro:bit。

- 首先运行 Arduino IDE，打开"文件"菜单下的"首选项"（参见图 1–14）。然后在"附加开发板管理器网址"中，添加下面网址（如果已经添加过其他开发板网址，注意要用逗号将不同的网址分隔开）：

  https://sandeepmistry.GitHub.io/arduino-nRF5/package_nRF5_boards_index.json

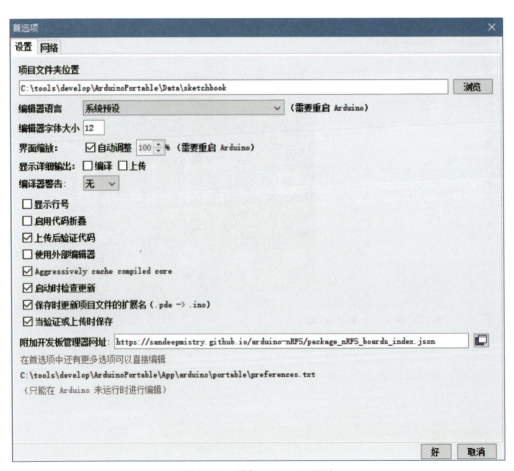

图 1–14 添加 micro:bit 网址

第 1 章　micro:bit 常用开发软件

- 保存设置后，再打开 Arduino IDE 软件中"工具"菜单下的"开发板管理器"，自动更新开发板索引。更新后，可以看到多出一个"Nordic Semiconductor nRF5 Boards by Sandeep Mistry"（参见图 1–15）。

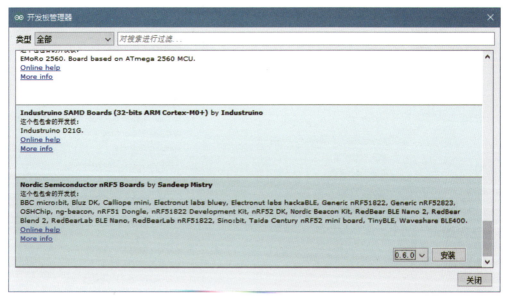

图 1–15　更新开发板索引

- 选择"Nordic Semiconductor nRF5 Boards by Sandeep Mistry"，并单击"安装"，就会自动下载所需要的文件并安装软件（参见图 1–16）。文件下载时间与网络速度有关，如果软件安装不成功，可以选择网络速度较快的时候再次尝试安装。

图 1–16　安装相关软件

- 安装完成后，就可以在开发板中看到 micro:bit 了（参见图 1–17）。选择 "BBC micro:bit"，就可以像 Arduino 一样对 micro:bit 进行编程了。

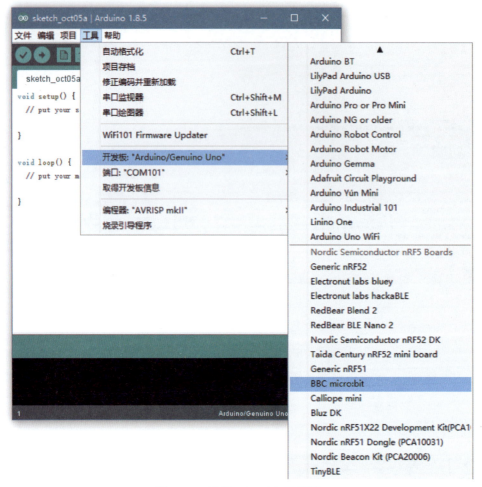

图 1–17　选择 micro:bit 开发板

- 参考网站：

  https://learn.adafruit.com/use-micro-bit-with-arduino?view=all

1.4.2　Espruino

Espruino 是来自英国的一个开源项目，它使用 Javascript 作为编程语言，可以在多种硬件平台上运行，它同样可以非常好地支持 micro:bit，在 micro:bit 上编写各种有趣的程序。

Espruino 支持代码编程和图形化编程两种方式，除了可以通过在线方式使用，如图 1–18 所示，也可以在谷歌浏览器 chrome 上安装 APP 后离线运行。

第 1 章　micro:bit 常用开发软件

图 1–18　Espruino 在线编程界面

- 在线网络 IDE 编程网站：

  https://www.espruino.com/ide/

1.4.3　EduBlocks

EduBlocks 是为了帮助学生快速学习和掌握 Python 编程语言而设计的，让学生可以通过图形化方式学习 Python 编程，然后方便地转换到代码方式编程。EduBlocks 最早运行在树莓派上，是树莓派上的重要的 Python 教育软件之一，现在它也可以很好地支持 micro:bit。EduBlocks 网站如图 1–19 所示。

图 1–19　EduBlocks 网站

使用EduBlocks，可以让学生先从容易的图形方式编程开始，掌握基本的编程方法。学生有一定编程基础后，可以无缝地将图形化编程转换为代码编程，通过图形化编程和代码编程对比，快速掌握Python语言。

在EduBlocks图形化编程界面单击屏幕右上角的"Blocks"按钮，可以切换到代码编程方式（参见图1-20）。在EduBlocks代码编程界面单击"Python"按钮，就可以切换回图形化编程方式（参见图1-21）。

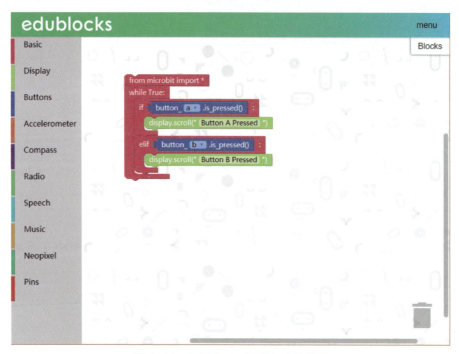

图1-20 EduBlocks图形化编程界面

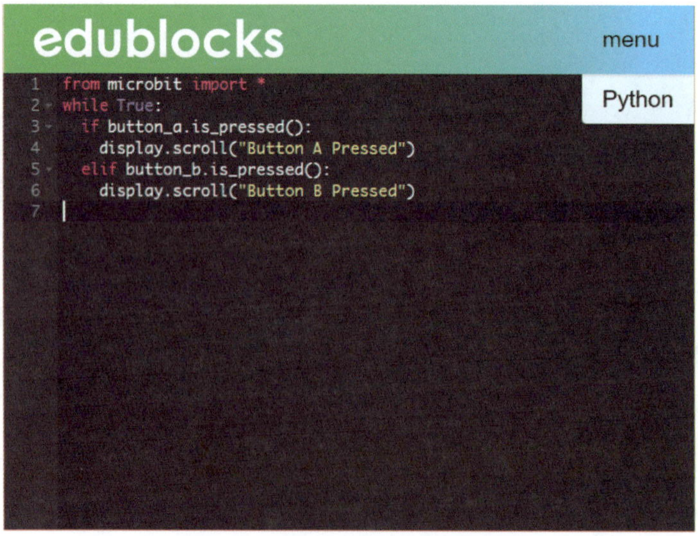

图1-21 EduBlocks代码编程界面

第 1 章 micro:bit 常用开发软件

- 软件网站：

  https://APP.edublocks.org/

1.4.4 Scratch

最新版的 Scratch 3.0 已经支持 micro:bit。Scratch 与 micro:bit 连接的方式是通过 WebBluetooth 完成的，因此在 PC 上必须先安装 Scratch Link 软件。Scratch 编辑界面如图 1-22 所示。它目前支持以下系统和硬件：

- Windows 10+；
- macOS 10.13+；
- Bluetooth 4.0。

图 1-22 Scratch 编程界面

- 网站：

  https://scratch.mit.edu/

1.4.5 Mbed OS

Mbed OS 是 ARM 公司推出的面向物联网的通用开发环境，支持多种不同芯片和模块。Mbed OS 将芯片底层操作用 C++ 封装起来，减少了使用不同厂家开发工具带来的差异，加快了软件开发速度，也方便进行程序移植，在做底层开发时是一个不错的开发工具。

Mbed OS 支持网络在线编程和本地开发。使用网络在线编程时，只需要一个可以连接网络的计算机和网络浏览器，无须安装其他开发软件，就可以开发程序。使用者可以通过浏览器编辑、编译。文件被保存在 Mbed 云端服务器，编译结果可以直接通过浏览器下载到本地后运行。Mbed OS 在线编程界面如图 1-23 所示。

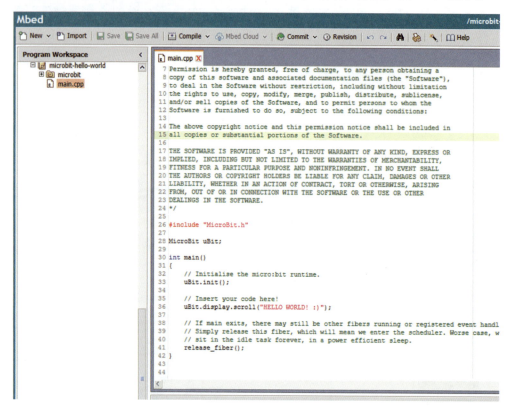

图 1-23　Mbed OS 在线编程界面

Mbed OS 对 micro:bit 的支持非常完善，有专门的 HAL（硬件抽象层）、例程和参考资料，只要几分钟就可以写出一个简单的程序。micro:bit 的 Python 固件就是使用 Mebd OS 开发的。

使用 C/C++ 编程可以充分发挥芯片的功能，使程序有更好的性能，实现一些 Python、Javascript 难以实现的功能。缺点是开发难度较大，对开发者的要求比较高。

- micro:bit 的 Mbed OS 使用说明：

  https://os.mbed.com/platforms/microbit/

- 在线编程：

  http://os.mbed.com/compiler

使用 Mbed OS 在线编程时需要先注册 Mbed 账号，可以将程序导出到本地使用。

第 2 章　MakeCode 高级编程功能

MakeCode 作为微软重点推出的通用教育编程平台，可以编写各种复杂的程序，图形化编程功能也非常容易使用，即使没有任何编程经验的人（包括小学生），也可以在很短时间内掌握基本用法。

MakeCode 图形化编程的基本方法本书不做更多介绍，但是这并不意味着 MakeCode 就真的很简单，功能很少，不能开发复杂的程序。在软件界面中，可以发现除了位于上方的基本功能模块，下面还有高级编程功能模块（参见图 2-1）。这里重点介绍 MakeCode 里高级编程功能模块的使用方法，供进阶读者研究和学习。

图 2-1　MakeCode 的高级编程功能模块

MakeCode 的高级编程功能提供了深入使用 micro:bit 的方法。使用这些高级编程功能，我们可以实现多任务、连接外部传感器、驱动电机和舵机、串口通信、无线和蓝牙控制、游戏、图像、添加扩展等功能，适合各种复杂应用。相比 MakeCode 的基本编程功能，这些高级编程功能的使用比较复杂和难以掌握，再加上缺少中文参考资料（其实英文资料也非常少），所以学习起来相对比较困难。

本章可以帮助读者学习和掌握 MakeCode 中高级模块的用法，掌握了这些高级编程功能，不但可以更加得心应手地运用 MakeCode，真正将它变为学习和创造的实用工具，用它去编程解决学习和生活中的各种问题，还能进一步了解现代编程的思想和精髓，为今后的编程学习打下坚实的基础，使编程思维更加科学、严谨。

在 MakeCode 的模块分类中，上半部分是基本功能模块，下半部分属于高级功能模块。高级功能模块由函数、数组、文本、游戏、图像、引脚、串行、控制等组成（参见图 2-1）。下面就详细讲解高级功能模块的使用。

2.1 函数

大部分现代编程语言都支持函数功能。在一个程序中，如果经常使用一些相同或类似的功能，就可以将这些相同或类似的功能放在一起，做成函数，以后只要调用这个函数就能执行相同的功能了。

函数在编程中有着非常重要的作用，使用函数可以将程序的功能模块化和标准化，增加代码的重复使用率，提高编程效率，节约程序空间。函数是现代编程中最常用的方法之一，也是现代编程语言的一个重要特性。

MakeCode 提供了函数功能，可以创建一个新的函数，然后把相同功能的编程模块放到函数中，这样不但程序显得简洁，也方便使用。

使用函数时，需要先在函数分类下选择"创建一个函数"（参见图 2-2），屏幕就会显示一个输入框。修改函数名称（支持中文函数名），选择函数的参数，最后单击"完成"按钮就成功创建了函数，如图 2-3 所示。

第2章 MakeCode 高级编程功能

图 2-2 函数

图 2-3 创建函数

只需要单击参数对应的按钮,就会自动添加一个相应的函数参数,如图 2-4 所示。

图 2-4 添加函数参数

创建新的函数后，图形化编程区中就会显示一个空的函数编程模块，函数分类中也会自动添加一个"调用函数"模块，可以将其他的编程模块加入到函数中，然后通过"调用函数"方式执行。图2-5所示为使用函数的过程。

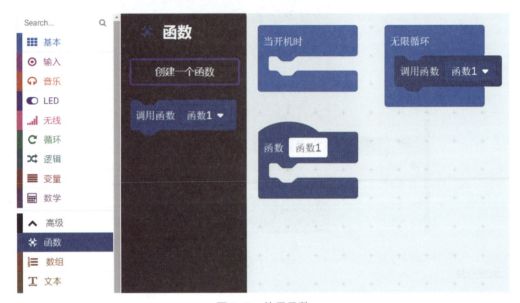

图 2-5　使用函数

下面通过几个完整的实例来说明函数的基本使用方法。

2.1.1　计算并显示圆的面积

先创建一个函数，将它的名称改为"计算圆面积"，并添加一个数字形的参数，将参数改名为"半径"（参见图2-6）。

图 2-6　创建"计算圆面积"函数

第2章 MakeCode 高级编程功能

然后创建一个变量"面积"(使用"面积"变量是因为目前 MakeCode 的函数模块不支持返回值功能),用来保存最后计算的结果。拖放乘法、将变量设为、显示数字等图形模块到新创建的"计算圆面积"函数,并按照圆形面积公式计算圆的面积(参见图 2-7)。注意函数中的变量并不会在 MakeCode 左边的变量模块中显示出来,需要用鼠标将函数中的变量"半径"拖拉出来,放到合适的位置。

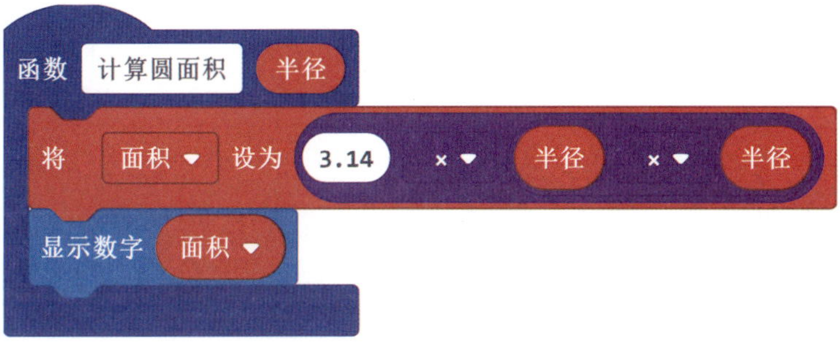

图 2-7 添加函数功能

完整的圆面积计算程序如图 2-8 所示。

图 2-8 圆面积计算程序

2.1.2 斐波那契数列

十二世纪初期，意大利数学家斐波那契的著作《计算之书》中包涵了许多希腊、埃及、阿拉伯、印度，甚至中国的数学相关内容。其中有一个趣味兔子问题：一对兔子每个月能生出一对小兔子，小兔子出生的第二个月具有繁殖能力，如果所有的兔子都不死，那么一年以后可以繁殖多少对兔子？

我们不妨分析一下：

第一个月前出生一对小兔子；

第一个月，是最初的一对小兔子；

第二个月，生下一对小兔子，总数共有两对；

第三个月，老兔子又生下一对，因为小兔子出生当月还没有繁殖能力，所以一共是三对；

第四个月，……

以此类推，12 个月总共会有多少对兔子？根据小兔子繁殖的特点，我们可以找到兔子繁殖的数量变化规律，找到数字排列的规律 1，2，3，5，8，13，……这里我们了解一下斐波那契数列。

斐波那契数列又叫做黄金分割数列，它由一系列这样的数字组成：1，1，2，3，5，8，13，21，34，55，89，……数列中每一个数字都是前面两个相邻数字之和。如果用数学公式来表示，斐波那契数列可以表示为：

$$F_{n+2} = F_{n+1} + F_n$$

其中 $F_0 = F_1 = 1$。当 n 趋近于无穷大时，相邻两个数字的比是 0.618，这个数字也就是黄金分割比。

在自然界中，很多地方都可以看到斐波那契数列的身影，如树叶的数量、植物花朵的花瓣数、向日葵花盘、仙人球的刺、海螺的螺旋等等。

斐波那契数列有很多计算方法，这里我们使用 MakeCode 来进行计算。程序如图 2-9 所示，思路是上电／复位后，开始自动计算，每计算出一个数字，就会显示出来，然后暂停 500 毫秒再计算下一个数字。当按下 B 按钮时将暂停计算，按下 A 按钮时恢复计算，同时按下 A、B 两个按钮时将重新开始计算。

第 2 章　MakeCode 高级编程功能

为了简化程序，这里设置了两个函数，"初始化"函数用来初始化参数，"计算Fib"函数用来计算数值。

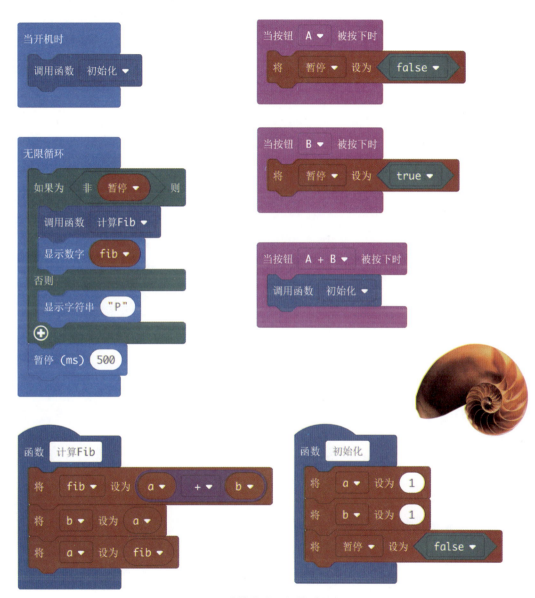

图 2-9　计算斐波那契数列程序

2.1.3　数学黑洞

在数学中，有一个著名的角谷猜想（又称为 3n+1 猜想、考拉兹猜想等）。角谷静夫是日本的一位著名学者，他提出了一个猜想，对任何一个自然数用下面两条简单的规则进行变换，最终会使它陷入"4－2－1"的无限循环中。

（1）如果 n 是偶数，就除以 2；

（2）如果 n 是奇数，就乘以 3 加 1，

重复上面的计算，最后的结果总是 1。例如：

$n = 5$，计算结果是：5→16→8→4→2→1。

$n = 6$，计算结果是：6→3→10→5→16→8→4→2→1。

$n = 11$，计算结果是：11→34→17→52→26→13→40→20→10→5→16→8→4→2→1。

因为这个问题看起来很简单，所以每一个数学爱好者都可以来碰碰运气，试试能不能证明它。在这里要提醒大家的是，已经有无数数学家和数学爱好者尝试过，其中不乏天才和世界上第一流的数学家，他们都没有成功。有人曾向数论学家保尔·厄尔多斯（Paul Erdos）介绍了这个问题，并且问他怎么看待现代数学理论对这个问题无能为力的现象，厄尔多斯回答说："数学还没有准备好来回答这样的问题。"

虽然这个猜想目前还没有得到证明，但是通过计算机已经验证了在很大范围内的任何数字都符合上述规律。因为计算到最后，总是会形成 4-2-1 的循环，所以它被形象地称为数学黑洞。

我们使用 MakeCode 编程来验证。在程序中，我们创建了两个函数，分别为"显示变量"和"计算 3n+1"。在"显示变量"函数中，先显示变量 X 的数值，然后暂停 500 毫秒，最后显示变化的方形，用来表示数字显示完成，这样就不会将前后数字混淆在一起了。而在"计算 3n+1"函数中，先判断数字是奇数还是偶数，然后进行计算，并将结果保存到变量 X 中。

在"无限循环"模块中，判断变量 X 是否等于 1，如果不等于 1 就继续计算，否则显示跳动的心形图案，代表计算完成，验证成功。

任何时候如果按下 A 按钮或 B 按钮，就会将变量 Y 设置为"true"，这样在主循环模块中就会随机选择一个 1 到 100 的整数，重新开始计算。

完整的数学黑洞程序如图 2-10 所示。

通过以上案例可以让我们了解函数在编程中的使用方法。稍有遗憾的是，目前在 MakeCode 的图形化编程中，函数模块还不支持返回值功能，函数的使用受到一些限制。

第 2 章　MakeCode 高级编程功能

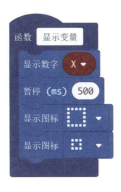
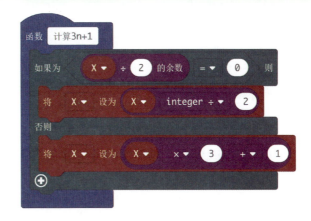

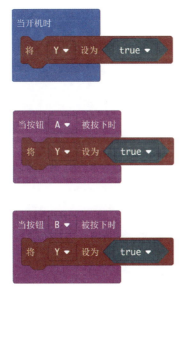
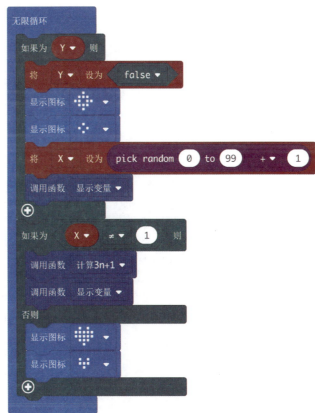

图 2-10　数学黑洞程序

2.2　数组

　　数组是一组数据的集合，在这个集合中，所有的数据具有相同的数据类型，比如整数、字符串、图像等。数组中的每个数据，都可以通过序号（下标）进行访问，这样就给使用数据带来了方便。注意，在 MakeCode 中数组的序号是从 0 开始的，而不是从 1 开始的，这与 C 语言的习惯一致。

2.2.1 数组类型

数组中的数据可以有多种类型，图 2-11、图 2-12 和图 2-13 显示了常用的几种不同数据类型的数组。

图 2-11 字符串数组

图 2-12 数字型数组

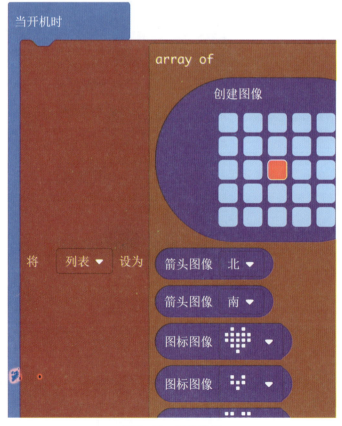

图 2-13 图像数组

第 2 章　MakeCode 高级编程功能

2.2.2　多维数组

除了一维数组，我们还可以创建多维数组，也就是数组中的每个数据本身也是一个数组。如图 2-14 显示了一个整数类型的二维数组（可以创建更加复杂的多维数组，只是在图形化编程方式下操作会很困难）。

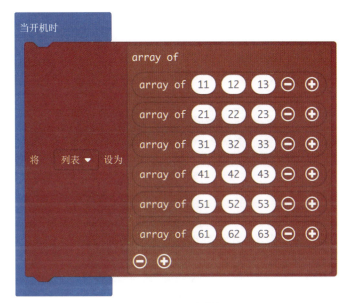

图 2-14　二维数组

创建数组或者设置数组元素时，只能使用相同类型的数据，如果混合使用就会发生错误，如图 2-15 所示（注意，可以单击图 2-15 中的带感叹号的三角形，查看错误原因）。

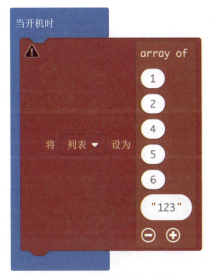

图 2-15　错误的数组元素

2.2.3 添加/删除数据

在创建数组时，数组中的元素数量是可以灵活设置的。在旧版本的 MakeCode 中，可以通过创建数组编程模块上的齿轮进行增减。在属性框中，将值拖动到 "array" 区就可以增加一个元素，从 "array" 区拖出一个元素就是删除一项，如图 2-16 所示。

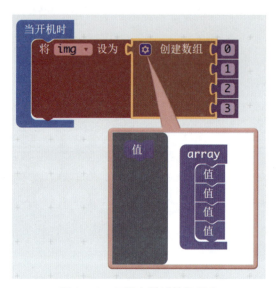

图 2-16 旧版本增减数组元素

旧版本的设置不太直观，容易被忽略，所以在 MakeCode 新版本中直接使用了加号和减号来代表增加和减少数组元素，如图 2-17 所示。

图 2-17 新版本增减数组元素

创建默认数组时，会自动带有默认参数。如果将数组中的元素全部删除，就会创建一个空数组，如图 2-18 所示。

图 2-18 创建空数组

第2章 MakeCode 高级编程功能

2.2.4 数组的常用功能

数组中其他常用功能有：

- 获取一个数组的长度，返回值是一个整数，如图 2-19 所示。如果是空数组将返回 0。

图 2-19　获取数组长度（元素数量）

- 添加一个新的元素到数组末尾，如图 2-20 所示，添加的元素必须和数组原有元素的数据类型相同，添加成功后数组的长度加 1。

图 2-20　添加新元素到数组末尾

- 与上面相似的功能是插入一个新元素到数组中的指定位置，如图 2-21 所示。

图 2-21　插入新元素到数组指定位置

- 删除数组的第一个或者最后一个元素分别如图 2-22 和图 2-23 所示。

图 2-22　删除数组第一个值

图 2-23　删除数组最后一个值

- 删除数组中指定序号的一个元素，如图 2-24 所示，删除成功后数组的长度会减 1，返回值是被删除的元素。

图 2-24　删除一个元素

注意，删除数组中的一个元素时，将返回被删除的值，无论这个值是否使用到。

- 修改数组中一个元素的内容，通过索引指定需要修改的数组元素，如图 2-25 所示。

图 2-25　修改数组元素

- 获取数组中的一个元素，通过索引参数指定需要访问的数组元素，如图 2-26 所示。

图 2-26　获取数组中的某个元素

- 查找数组中一个元素的位置，如果没有找到将返回 -1，如图 2-27 所示。

图 2-27　查找数组中的元素

注意，查找时参数是数组中的元素，返回值是元素在数组的索引。例如假设数组 list 包含的数据是 [10, 20, 50, 100, 200, 300]，那么上面程序返回值就是 3。

- 反转一个数组中元素顺序如图 2-28 所示。比如数组原来内容是 [1, 2, 3, 4, 5]，反转后就变为了 [5, 4, 3, 2, 1]。

图 2-28　反转数组中元素顺序

2.2.5　计算数组元素累加和

数组中的元素可以通过序号（索引）进行访问，可以写入新的数值或者读取数

第 2 章　MakeCode 高级编程功能

值（注意数组的序号是从 0 开始的）。序号不能超出数组的长度，否则程序会提示错误。

图 2-29 中的程序演示了计算从 0 到 100 这 101 个数字的累计和。程序先创建一个空数组，然后将 0 到 100 添加到数组中，最后在循环中计算累加和，并将结果保存到变量 sum 中，计算完成后在屏幕上显示结果。

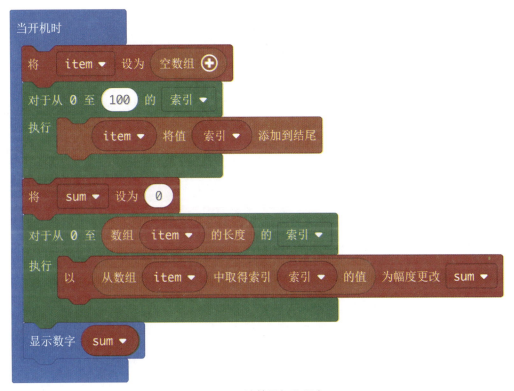

图 2-29　计算累加和程序

2.2.6　黑客帝国

图 2-30 中的程序演示了类似"黑客帝国"中数据不断下落的效果。

程序中使用了两个数组："位置"和"亮度"，分别用来保存每一列当前点的位置和亮度。

在无限循环中，程序先随机产生一个数字，作为新的位置参数，然后在位置数组中取出上次保存的位置参数，再用"亮度"数组中的亮度参数画一个点，完成后将点的位置加 1，保存回"位置"数组中。

如果位置到达屏幕底部，就将位置参数设置为 0，回到顶部重新开始，并随机选择新的亮度，这样就形成了类似黑客中屏幕上数据流不断下落的效果。

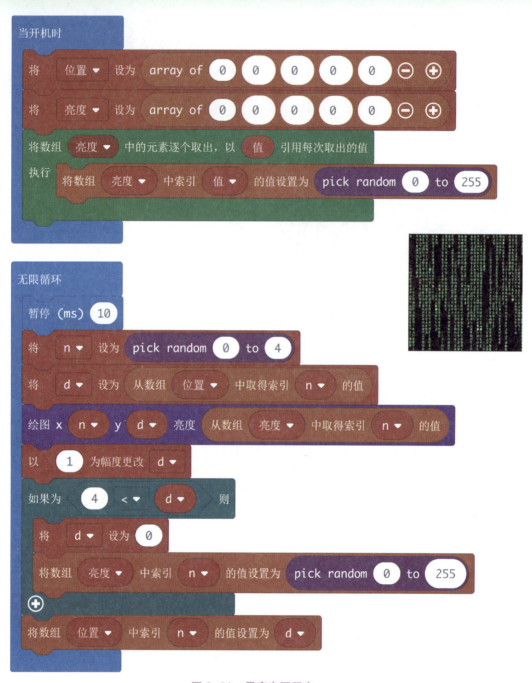

图 2-30 黑客帝国程序

2.2.7 使用二维数组

图 2-31 中的程序演示了二维数组的使用方法。程序显示了一个围绕 5x5 大小屏幕边缘不断顺时针运动的点，程序使用了二维数组存放点的坐标，在"无限循环"模块中先取出一个点的位置，显示在屏幕上，延时后清除该显示的点，形成了

第 2 章　MakeCode 高级编程功能

运动的效果。改变点的坐标（二维数组的数值），就可以显示不同的运动轨迹，如螺旋方式运动、蛇形运行等。

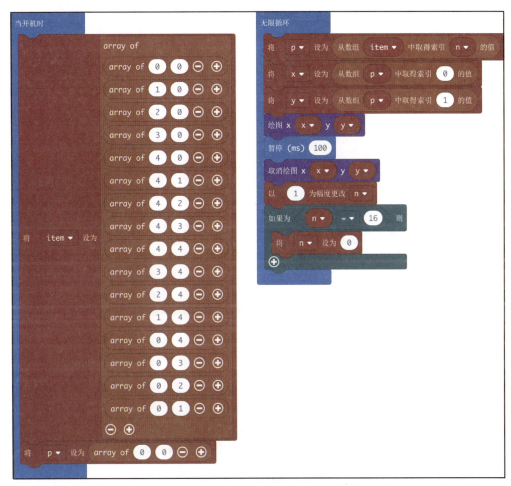

图 2-31　二维数组的使用

2.3　文本

文本在编程中也叫做字符串，可以用来保存、记录、显示各种文字信息，它是我们在编程中最常使用的数据类型之一。

例如，我们可以直接创建一个字符串变量，如图 2-32 所示。

图 2-32　字符串变量

- 组合字符串。两个字符串也可以组合起来形成一个新的字符串,如图 2-33 所示组合的字符串结果是 "123abc"。

图 2-33 组合字符串

组合的结果是在原来字符串的后面增加了 "abc",也可以使用变量进行组合字符串。如果变量 item 原来是 "hello",组合后就变成了 "helloabc",如图 2-34 所示。

图 2-34 使用变量组合字符串

如果需要将更多字符串或者变量组合起来,可以通过加、减号进行选择。

"字符串"也支持中文,中文字符串如图 2-35 所示,但是中文无法在屏幕上显示出来。

图 2-35 中文字符串

- 获取字符串长度。返回的长度参数是一个整数,如下面代码返回的长度是 6,如图 2-36 所示。

图 2-36 字符串长度

- 获取字符串中的一个字符。如图 2-37 的程序结果是字母 "a"。

图 2-37 获取一个字符

- 获取一个字符串中的子串。图 2-38 所示代码为获取字符串 "abc123" 中从位置 2 开始的 3 个字符,结果是 "c12"。

图 2-38 获取子串

第 2 章　MakeCode 高级编程功能

- 比较两个字符串是否相同。需要注意的是，这个功能返回值并不是"真"或"假"，而是一个整数。如果两个字符串相同，返回值是 0，否则是非 0。字符串比较的程序如图 2-39 所示。

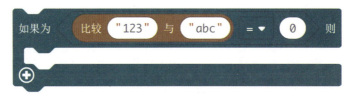

图 2-39　字符串比较

- 将字符串转换为整数。这个功能可以将一个字符串转换为整数，如图 2-40 所示，"123" 的转换结果就是 123。如果字符串前面带有 0x，就会按照 16 进制进行转换，例如 "0x123" 的转换结果是 291。

图 2-40　字符串转换整数

"字符串"其实也是一个数组，这个数组中的每一个元素都是一个字符，我们可以通过获取数组中元素的方法依次取出字符串中的每个字符，然后显示出来。以数组方式使用字符串如图 2-41 所示。这种方法也可以用于改变显示速度（在图形化编程中，显示字符串功能是不能改变显示字符串速度的）。

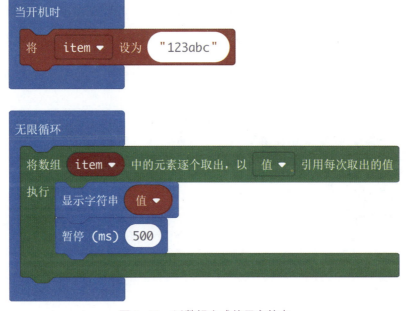

图 2-41　以数组方式使用字符串

2.4 游戏

游戏学习成为编程学习的一个重要方法。MakeCode 的高级功能专门设置了游戏模块，可以用来开发小游戏。游戏模块提供了显示游戏开始和结束、游戏计分、倒计时、移动精灵、反弹、碰撞检测等游戏相关的功能，利用这些功能可以快速编写原创的小游戏。

下面通过几个示例，帮助大家理解和掌握游戏功能的用法。

2.4.1 精灵的创建、删除和位置

在 MakeCode 的游戏模块中，最基本要素是精灵。游戏中的每个精灵用屏幕上的一个 LED 发光点表示，它可以移动、改变亮度、闪烁、屏幕边缘反弹……我们可以创建、删除精灵，也可以改变精灵的位置。一个游戏中可以创建多个精灵，它们用不同的变量名进行区别。

图 2-42 所示的程序在"无限循环"模块中先创建了一个精灵，Y 轴位置是 0（屏幕最高处），X 轴位置随机选择，然后让精灵下落（Y 轴位置加 1），当精灵移动到屏幕底部时，删除精灵。程序运行的结果是：精灵会不断下落，落到屏幕下方后又产生新的精灵下落。

图 2-42 精灵的基本使用方法

2.4.2 移动、反弹、旋转

除了直接改变精灵在 X、Y 轴的位置外，我们还可以让精灵按照一定方向运动，

初始方向是水平向右，可以通过旋转方向和反弹来控制精灵的运动。运动距离可以是正数，也可以是负数，但只能是整数；而旋转角度只能是45°的倍数，其他角度不产生效果。

精灵运动到屏幕边缘后，如果不改变方向继续运动，并不会超出屏幕，而是停留在屏幕边缘。我们也可以让精灵运动到屏幕边缘后进行反弹，这样就显得更加有趣味性。

图2-43所示的程序先创建一个精灵，然后在"无限循环"模块中让精灵不停地在屏幕中移动，移动到屏幕边缘后反向移动（反弹）。如果按下A按钮或者B按钮，精灵就可以旋转45°（改变运动方向）。

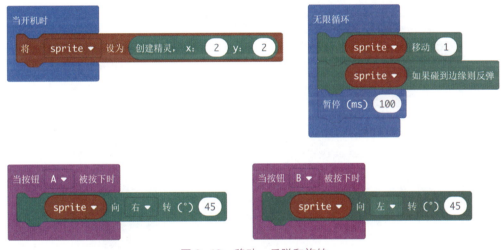

图2-43　移动、反弹和旋转

2.4.3　多个精灵与碰撞检测

可以发现在前面的程序中只有一个精灵，其实在一个程序中可以设计多个精灵，每个精灵有不同的运动方式。多个精灵在运动时可能会发生碰撞，利用碰撞检测功能并设置不同的碰撞规则，就可以设计出变化多样的游戏效果。

设计多个精灵与碰撞检测程序，如图2-44所示：

- 当两个精灵发生碰撞时，分数会加1；
- 按下A按钮，游戏暂停，显示当前分数；
- 按下B按钮，游戏继续运行；
- 在分数加1时，屏幕会闪一下，代表分数的增加。

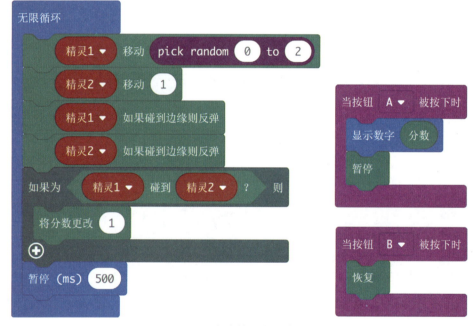

图 2-44 多个精灵与碰撞检测

2.4.4 反弹球游戏

前面介绍了游戏功能的基本用法,下面通过几个小游戏来认识更多的用法和技巧。

反弹球游戏模拟了一个弹球游戏的玩法。游戏中创建了 3 个精灵,1 个精灵模拟不停运动的球,另外两个精灵组成挡板。挡板可以将球反弹回去,每挡住一次分数加 1。按 A 按钮挡板左移,按 B 按钮挡板右移。如果没有挡住球,游戏就结束,显示积分。

实现程序如图 2-45 所示。挡球动作通过精灵的碰撞检测实现,当挡板挡住了

第 2 章　MakeCode 高级编程功能

球（检测到碰撞），球就会反弹回去。游戏失败通过"球碰到屏幕边缘"并且"Y 轴坐标是 4"这两个条件一起判定，当同时满足这两个条件时就代表球没有被挡住。

为了增加游戏的难度，在挡住球后，球的方向会随机变化。先将球的运动方向改变 180°（反弹），然后产生一个（-1，1）之间的随机数，并乘以 45°，作为随机变化的角度。

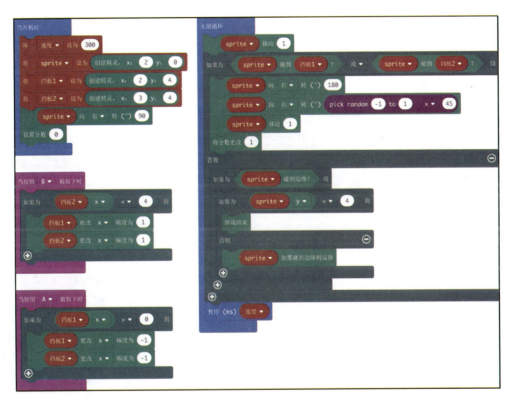

图 2-45　弹球游戏

- 游戏结束后，可以同时按下 A 按钮和 B 按钮，重新开始游戏。

2.4.5　吃豆子游戏

这个游戏中会随机出现 1 个豆子（闪动的点）和 1 个精灵（不闪的点），我们需要控制精灵去吃豆子（碰撞），每吃到 1 个豆子后，就会随机出现 1 个新的豆子，同时分数加 1。豆子是静止不动的，而精灵会自由运动，遇到边缘会反弹，按 A、B 按钮可以改变精灵的运动方向。游戏设定了倒计时时间（20 秒），时间达到 0 时游戏结束，并显示分数（吃掉的豆子数）。

吃豆子游戏完整的程序如图 2-46 所示。在"当开机时"模块进行程序初始

化，先创建精灵和豆子，精灵的初始位置是（2，2），豆子的位置是随机的，并且设置豆子闪烁。最后设置了倒计时模式，倒计时后程序会显示一个动画代表计时开始。

在"无限循环"模块中，先控制精灵移动一格，然后判断是否发生碰撞，如果发生碰撞就代表吃到豆子，分数加 1，并重新随机设置豆子的位置。

在 A 按钮和 B 按钮的"当按钮被按下时"模块中，分别控制精灵逆时针和顺时针旋转方向，用来改变精灵的运动方向。

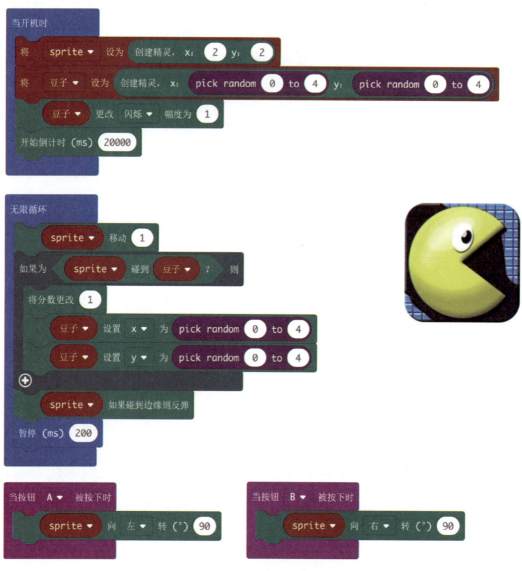

图 2-46　吃豆子游戏

第 2 章　MakeCode 高级编程功能

2.4.6　躲炸弹游戏

躲炸弹游戏的规则如下：

- 游戏开始时，玩家有三条生命。
- 精灵位于屏幕最下方，玩家使用加速度传感器控制精灵左右移动。
- 从屏幕上方会随机产生炸弹，然后自由下落。
- 如果炸弹碰到精灵就会减掉一条生命，生命减到 0 时游戏结束。
- 每成功躲避一个炸弹后，积分加 1。
- 为了增加游戏难度，当积分达到 5、10、30 时，游戏速度会加快，同时显示代表关卡的数字。

完整的程序请参考图 2-47。程序开始时，先在屏幕底部创建一个精灵，然后创建一个空数组，用来保存炸弹。再设置速度、分数、积分等变量，最后显示数字 1，代表第一关。

在"无限循环"模块中，先产生一个随机数，如果随机数等于 0 就创建新的炸弹，并保存到数组中的第一个位置（插入到位置 0）。为了避免炸弹太多，程序限制最多同时只能产生 3 个炸弹，超出后就不再生成新的炸弹。

如果炸弹数组中的内容不是空的（数组长度大于 0），那么就将每个炸弹在 Y 轴的位置依次加 1，用来控制炸弹下落。如果炸弹碰到精灵，就会减去一条生命（用分数变量表示），同时利用分数变化时产生的动画，代表被炸弹击中。如果炸弹没有碰到精灵，并且炸弹在 Y 轴的坐标达到 4，就说明炸弹落空，这时先删除列表最后一项（因为新创建的炸弹总是插入到第一个位置，所以最后位置的炸弹总是最先落下），然后增加积分。当积分等于预设的数字时，代表达到新的关卡，这时设置新的速度，用来增加游戏的难度。

精灵的运动控制是利用加速度传感器实现的，当加速度传感器在 X 轴的数值范围超出一个限度后，就将精灵的位置朝相应方向改变 1 格。使用加速度传感器控制精灵比使用按钮更有乐趣，也需要更好的协调性和预判功能。

图 2-47 躲炸弹游戏

第2章 MakeCode 高级编程功能

注：
- 躲炸弹游戏程序参考了舟山市定海小学吕启刚老师的程序。

2.5 图像

图像功能是针对基本功能中 5×5 大小 LED 屏显示功能的扩展。使用图像功能，可以创建自定义图案、滚动显示图案或者按一定偏移量显示图案。除了基本的 5×5 大小图像外，还可以创建 10×5 大小的大图像。灵活运用图像功能可以实现小动画、游戏等效果。

- 创建 5×5 大小的图像，并保存到变量中。创建自定义图像变量如图 2-48 所示。

图 2-48　创建自定义图像变量

- 创建 10×5 大小的大图像，创建方法和前面 5×5 标准图像一样。10×5 大小的大图像不能通过两个 5×5 大小的图像合并而成。创建自定义大图像变量如图 2-49 所示。

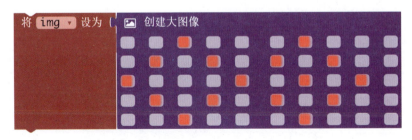

图 2-49　创建自定义大图像变量

- 显示图像功能，并指定偏移量。如图 2-50 所示，"显示图像"模块支持上面的标准图像和大图像，以及箭头图像和图标图像，但是不支持方向图像。

图 2-50　显示图像

上面程序以偏移量 2 显示前面创建的大图像 img，显示效果如图 2-51 所示。

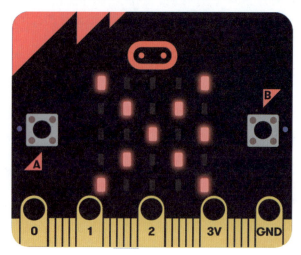

图 2-51　显示效果

- **显示滚动图像**，如图 2-52 所示。以滚动方式显示图像，并设定滚动偏移量和速度。

图 2-52　显示滚动图像

利用这个功能可以显示小动画。下面程序创建了一个 2 个像素宽的赛道，然后在"无线循环"模块中滚动显示，实现了一个不停移动的赛道效果，如图 2-53 所示。适当修改程序，增加小车显示、更多赛道、碰撞检测、运行时间、计分等功能，就是一个小的赛车游戏了。

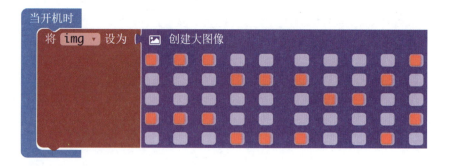

图 2-53　赛车跑道

- 使用滚动图像显示功能，会从头到尾完整显示图案，不能只显示其中一部分。如果需要滚动显示其中的一部分，可以使用"显示图案"功能模式，用循环功能控制显示的偏移参数，如图 2-54 所示。

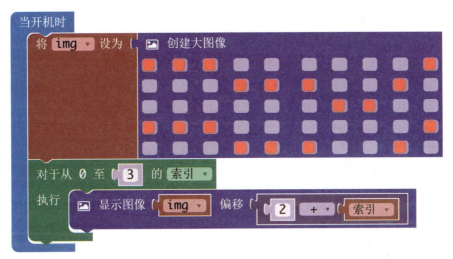

图 2-54　滚动显示局部图像

2.6　引脚

在高级功能的引脚分类中，有多个与引脚相关的应用功能用来实现外部硬件的扩展，包括 PWM 输出、舵机控制、输入上拉、模拟输入、I2C、SPI、脉冲等。这里只重点介绍 IO、舵机等功能，其他功能请参考硬件相关图书内容。

2.6.1　IO 控制

对于一个引脚（GPIO，通用输入/输出端口），最基本的功能就是输入和输出了，而输入/输出还分为数字输入/输出和模拟输入/输出。数字输入/输出只有高低两个状态，模拟输入是将模拟信号转换为数字量，模拟输出是模拟输入的反向过程，将数字量转变为模拟信号。

在 micro:bit 上并没有真正的模拟输出功能，它通过 PWM（脉冲宽度调制）功能作为模拟量输出。虽然不如真正的模拟输出功能强，但是已适合 LED 调光、电机调速、驱动蜂鸣器等应用。

使用图 2-55 所示的编程模块就可以分别实现数字输出和数字输入的功能，可以选择控制的引脚。

图 2-55 数字输入 / 输出

当一个引脚设置为数字输入功能时,我们还可以设置它的内部上拉电阻或者下拉电阻,这样可以保证输入信号不会受到外部干扰信号的影响,也可以省掉一个外部电阻。

上拉功能可以选择为上(上拉)、下(下拉)、无三种方式,一般常用上(上拉)方式,如图 2-56 和图 2-57 所示。而当作为输出功能时,设置上拉是没有作用的。当作为模拟输入功能时,通常需要将上拉设置为无,以避免影响模拟转换的精度。

图 2-56 设置引脚的上拉功能

图 2-57 选择上拉方式

图 2-58 的例子演示了数字输入时内部上拉方式的使用。程序中先将 P0、P1、P2 设置为内部上拉方式,然后判断它们的数字量输入,如果是 0(低电平),说明有外部信号输入,就显示引脚对应的数字。

对于 micro:bit,每个引脚还可以支持模拟输出功能。实际上这里的模拟输出并不是输出真正的模拟信号,而是输出 PWM 信号。PWM 信号的用途很广泛,它可以用于控制电机速度、改变舵机角度、调整外部 LED 显示亮度、驱动扬声器和蜂鸣器等。micro:bit 的 PWM 是 10 位精度的,因此占空比的输出范围是 0 ~ 1023。

第 2 章 MakeCode 高级编程功能

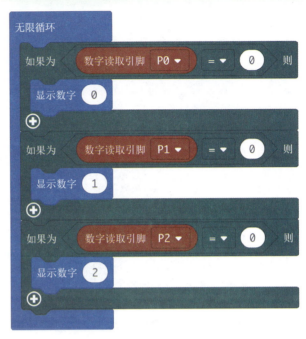

图 2-58 使用内部上拉方式

对于 P0、P1、P2、P3、P4、P10 这 6 个引脚，还支持模拟输入和输出功能。P3、P4、P10 这 3 个引脚同时也是 LED 显示屏的驱动引脚，所以当作为模拟输入和输出时，需要先关闭屏幕，然后才能使用模拟输（写）入和输出（读取）功能，否则就会产生冲突。

如果只是需要控制电机转速、改变 LED 显示亮度，使用 PWM 方式进行控制就足够了。如果需要输出真正的模拟信号，对 PWM 信号做低通滤波（缺点是响应速度较慢），就可以得到模拟输出电压信号。

图 2-59 模拟输入和输出

2.6.2 舵机

舵机是电子制作中最常用的元件之一，它使用简单、扭矩大、驱动灵活、控制精准，只要一个引脚就能控制。舵机也是一种位置（角度）伺服的驱动器，适用于那些需要角度不断变化并可以保持的控制系统，在高水平遥控玩具，如飞机、潜艇模型、遥控机器人中已经得到了普遍应用。

舵机主要是由外壳、电路板、驱动马达、减速器与位置检测等元件构成，如图 2-60 所示。外部驱动信号通过控制内部的驱动电路来控制马达转动，通过减速器将动力传至摆臂。

图 2-60　舵机

在 MakeCode 中，舵机的控制功能是在高级功能模块中的"引脚"分类中。舵机的控制非常容易，只需要指定控制的引脚以及舵机的转动角度，就可以方便地控制舵机了（默认的舵机旋转范围是 0°～180°），如图 2-61 所示。

图 2-61　舵机控制

因为舵机是通过电机和齿轮进行传动的，而机械部分运动需要一定时间，所以控制舵机时不能连续发送舵机控制命令。在两个舵机控制命令之间需要有一个暂停时间，保证舵机有足够时间完成既定动作。

micro:bit 可以同时控制多个舵机，每个舵机需要单独使用一个 IO 控制，舵机之间可以有不同的运行方式。比如使用四个舵机分别控制一个电子昆虫的四只脚，可以用不同的控制方式让电子昆虫实现前进、转弯、后退等动作。

图 2-62 的程序使用 P0 和 P1 控制两个舵机做不同的动作。

通常舵机的转动角度范围是 0°～180°，我们可以任意设置舵机的转动角度。但是因为舵机的扭矩大，变化快，所以从一个角度快速变化到另一个角度时，如果角度较大，机械部分移动较快，就出现运动不稳定的现象。为了让舵机的运动变得平稳，在对运动速度要求不是特别高的情况下，我们可以让舵机每次改变一个较小的角度（比如 5°或 10°），经过多次变化后达到预定的角度，这样舵机在运动时就

第 2 章　MakeCode 高级编程功能

会比较平稳了。

图 2-62　控制多个舵机

图 2-63 的程序实现控制舵机从 0° 平滑变化到 90°，然后快速回到 0°。通过控制每次变化的角度和时间，就可以控制舵机的稳定性和速度。我们也可以通过此案例了解舵机的控制规律。

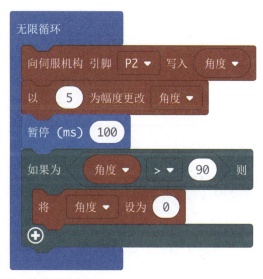

图 2-63　舵机平滑控制

2.6.3 映射

在引脚分类中，有一个特殊的功能是映射。映射这个功能很特别，它可以将一个数字从一个范围按照比例映射到另外一个范围。这个功能有什么应用？它又是怎样使用的呢？它和引脚又有什么关系？我们先看图 2-64 所示的例子。

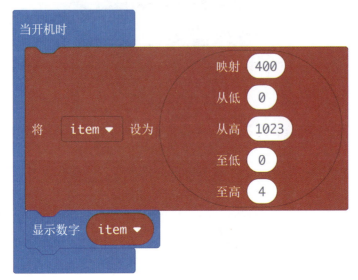

图 2-64　映射功能

我们看到图中三组数据，即映射（400）、从低从高（0～1023）、至低至高（0～4），程序运行后，会在屏幕上显示数字：1.56，这个结果是怎样计算出来的呢？

我们先看图 2-65，它显示了线段 a 映射到线段 b 的示意图。线段 a 的端点分别是 $A0$ 和 $A1$，线段 b 的端点分别是 $B0$ 和 $B1$，点 A 和点 B 分别是两个线段 a、b 上的点，并且将两个线段分为相同的比例。

因为线段 a 到线段 b 是按照比例进行映射的，所以我们可以得到下面的计算公式：

$$(A - A0) / (A1 - A0) = (B - B0) / (B1 - B0)$$

将上面公式进行变换，我们可以得到 B 的计算公式：

$$B = B0 + (B1 - B0) * (A - A0) / (A1 - A0)$$

在前面的 MakeCode 例子中，将数字 400 从 [0，1023] 映射到 [0，4] 上，所以 $A0 = 0$，$A1 = 1023$，$B0 = 0$，$B1 = 4$，因此我们可以简化计算公式为：

第 2 章　MakeCode 高级编程功能

$$B = 4 \times A / 1023$$

将 $A = 400$ 代入公式，可以得到 $B = 1600 / 1023 = 1.56$（保留两位小数）。

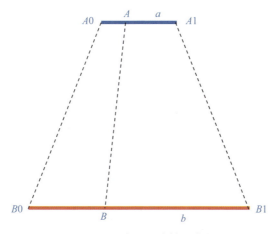

图 2-65　线段 a 映射到线段 b

上面解释了映射的原理和计算方法，但是它的用处是什么呢？为什么默认的映射是将 [0，1023] 变换为 [0，4] 呢？

映射功能最基本应用的方式是将外部输入的模拟信号转为屏幕上可以显示的图像，micro:bit 引脚的模拟输入是二进制 10 位（bit）的，因此信号的输入范围是 [0，1023]；而 micro:bit 显示屏幕是 5 × 5 大小的点阵，对应的坐标范围是 [0，4]，所以将数据从 [0，1023] 变换为 [0，4]，就可以在屏幕上方便地用图形表示信号的大小了。

图 2-66 所示程序显示了 P1 引脚的电压曲线，它将 P1 引脚上输入的电压映射为 0 ~ 4 之间的数字，然后保存到数组 item 中。保存数据时，先将数据插入到数组的开头，然后删除最后一个数据，这样就实现了数组中数据的移动。最后将数组中的数据用"绘图"功能显示在屏幕上，形成曲线图。

当然映射的功能不限于引脚输入，任何数据都能够使用映射功能进行范围变化，例如我们可以将温度信号进行映射。图 2-67 所示程序显示了温度曲线，它同样使用了映射功能。

我们还可以用加速度来控制屏幕亮度。正常情况下加速度数据的范围是 −1023 到 +1023，而屏幕亮度范围是 0 到 255，只要将加速度的数据映射为屏幕亮度的范围就可以实现这个功能了（程序参见图 2-68）。

使用映射功能，我们还可以显示无线信号强度，就像手机上的信号强度指示一样。我们首先在无线接收事件中添加信号强度"signal"（方法请参考《micro:bit 硬件指南》一书中无线通信部分），这样就会把接收到的数据包中的信号强度保存到变量 signal 中。然后将信号强度变量 signal 的范围从 [–128, –42] 映射到 [0, 5]，并从预设的图片中选择对应的图片进行显示，就可以显示出信号强度。为了保证映射后的结果不超出 [0, 5] 这个范围，程序使用了一个小技巧，将映射结果先与 0 比较最大值再与 5 比较最小值，这比使用条件语句来判断更加简单，效率高。完整的程序如图 2-69 所示。

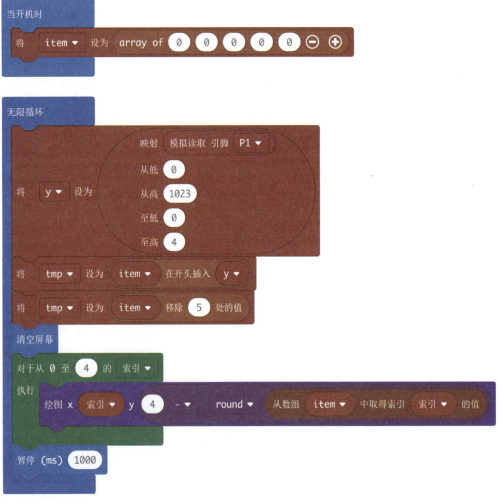

图 2-66　显示电压曲线程序

第 2 章　MakeCode 高级编程功能

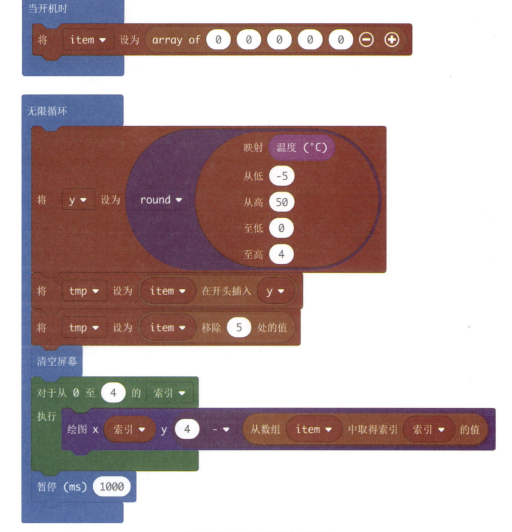

图 2-67　显示温度曲线程序

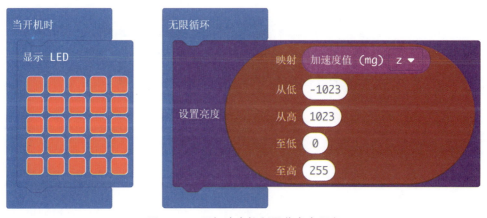

图 2-68　用加速度控制屏幕亮度程序

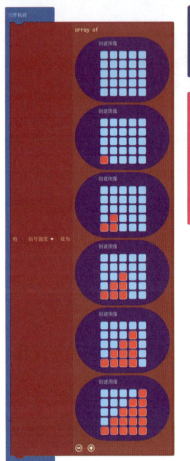
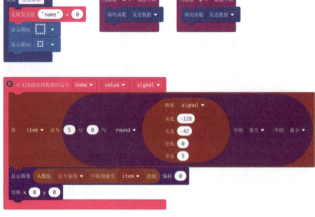

图 2-69　显示无线信号强度程序

与映射功能有关的另外一个编程模块是"LED"分类下的条形图功能，使用该功能可以在屏幕上绘制条形图。这个功能可以看成将映射和绘图功能合并在一起，如图 2-70 所示。

图 2-70　条形图功能模块

2.6.4　I2C

I2C 是嵌入式系统中常用的总线接口之一，它可以方便地将多个芯片连接在一起，实现双向通信。和 UART、SPI 等接口相比，I2C 支持多个主机，系统可以自动进行冲突裁决（I2C 接口的详细说明请参见《micro:bit 硬件指南》）。

第 2 章　MakeCode 高级编程功能

I2C 接口在硬件上的连接非常简单，无论在总线上连接多少芯片，都只需要两个数据线（串行时钟 SCL 和串行数据 SDA）以及两个上拉电阻，所以现在许多数字传感器都使用 I2C 接口。

I2C 接口只有两个信号线，它通过两个信号线之间的变化实现了启动发送、停止发送、发送响应、数据发送、冲突裁决等功能。虽然 I2C 的原理很复杂，但是使用上却是比较简单的，在 MakeCode 中，与 I2C 相关的编程模块只有两个，一个是发送数据模块，一个是读取数据模块。

发送数据模块有 4 个参数：

- 设备的地址；
- 要写入的数据；
- 数据的格式（8/16/32 位有符号、无符号整数，32/64 位浮点数，大小端）；
- 是否再次发送 start 信号。

读取数据模块有 3 个参数：

- 设备的地址；
- 读取数据的格式（8/16/32 位有符号、无符号整数，32/64 位浮点数，大小端）；
- 是否再次发送 start 信号。

读取数据模块的返回值与第二个参数有关。图 2-71 所示程序完成了 I2C 读取和写入功能。

图 2-71　I2C 读取和写入功能程序

micro:bit 上带有 MAG3110 磁场传感器，这个传感器是通过 I2C 总线访问的。MAG3110 有一个用于标识设备型号的 ID，它可以通过内部寄存器 7 读取。这个 ID

是只读的，不能被改写，它的值是 0xC4，也就是十进制的 196。而 MAG3110 的默认设备地址是 0x0E，是十进制的 14。为了读取 MAG3110 的芯片 ID，我们需要按照数据手册的要求，先将寄存器的地址 7 写入到 I2C 总线，然后读取（寄存器单字节读取时序如图 2-72 所示）。

图 2-72 寄存器单字节读取时序

图 2-73 所示程序演示了读取 micro:bit 自带的磁场传感器 MAG3110 的芯片 ID。如果程序运行后在屏幕上显示出数字 196，则说明读取成功。

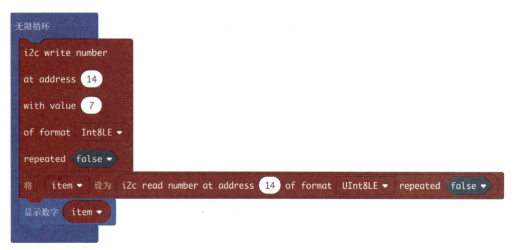

图 2-73 读取磁场传感器 MAG3110 的芯片 ID

图 2-74 所示程序可以通过 I2C 直接读取磁场传感器 x 轴方向的变化数据，并在屏幕上显示，同时将数据送到串口。

注：

- 这个程序只能在旧版本的 micro:bit 上运行。因为新版本的 micro:bit 使用了不同型号的传感器。

从上面程序可以看出，使用 I2C 功能主要是按照一定的时序，向总线上发送数据和读取数据，具体的数据需要根据传感器的说明而定。

从上面程序还可以看出，对于复杂一些的功能，运用 I2C 通过图形化方式进行操作会不太方便，因此通常会将复杂的底层操作功能制作成专用软件包（扩展），这样就可以灵活地使用传感器，从而解决了图形方式下控制 I2C 不方便的问题。

第 2 章　MakeCode 高级编程功能

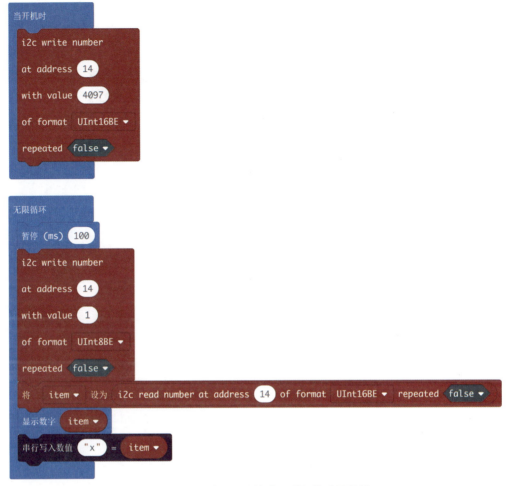

图 2-74　通过 I2C 直接读取磁场传感器数据

2.6.5　SPI

SPI 的使用方法和 I2C 是类似的。标准的 SPI 信号线有 3 个：MOSI（主机输出从机输入）、MISO（主机输入从机输出）、SCK（串行时钟），此外通常每个 SPI 从设备还需要一个 GPIO 作为 CS（片选）信号。

图 2-75 显示了 SPI 的基本用法，主要包括设置总线频率、设置数据位数和工作模式、设置 SPI 的引脚、读写数据。与 I2C 不同的是，SPI 的读写操作是同时进行的，在向 MOSI 写入数据的同时，也从 MISO 读取数据。具体的控制还与传感器/芯片的时序有关，需要查看相关资料才能进行编程。

SPI 的用法和 I2C 类似，这里不再重复举例。本丛书的后续书籍中将会详细介绍 SPI 连接外部传感器和控制 OLED 的用法。

图2-75　SPI的基本用法

2.7　在后台运行（多任务）

在高级功能的控制分类下，第一个功能就是"在后台运行"。从字面上理解，后台运行就是在后台执行程序。一般的程序都是放在无限循环中，一个一个功能按照顺序循环执行，这样的程序通常叫做前台程序。而在后台执行的程序独立于前台程序，不会和前台执行的任务流程相冲突。前、后台程序分时运行，可以看作是并行运行的。

很多软件都没有提供多任务功能，而MakeCode却在多任务方面做了很多工作，提供了当开机时、无限循环、后台运行等多种方式，还提供多种输入功能的事件，不仅让编程设计简单而有趣，又可以发挥硬件的执行效率。

2.7.1　后台程序的基本结构

后台程序的模块和其他独立任务的模块都有一个共同的特点，模块的左侧和上、下侧都没有衔接其他模块的缺口，这样的模块就是一个可以单独执行的任务模块。

后台程序虽然在功能上和前台程序没有区别，但是它的结构和前台程序还是有区别的。一个典型的后台程序的基本结构如图2-76所示。

一个后台运行的任务必须包含一个"无限循环"模块，否则程序只能运行一次。如果有的功能只需要执行一次（比如变量的初始化），可以将这部分代码放在无限循环的前面。需要注意，这里的无限循环（图2-76中绿色的部分）并不是基本分类中的无限循环，而是在"循环"分类下的"如果为"执行模块中，也可以称为条件循环，当判断条件为真（true）时，就是一个无限循环了。

后台程序会按照设计的流程去执行预定的任务，通常在循环中还要加入一个暂停功能，暂停时间就是后台任务执行的频率。暂停也是为了将系统的控制权交给其

第 2 章　MakeCode 高级编程功能

他程序，让系统可以分时执行多个任务，如果没有暂停时间，系统就会一直执行这个任务，而无法执行其他任务了。

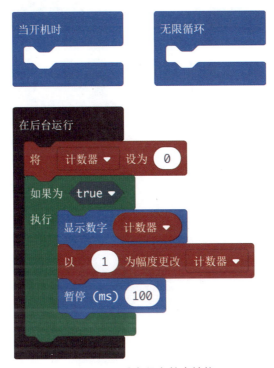

图 2-76　后台程序基本结构

暂停设置的时间越短，任务切换的速度就越快，程序的性能也更好，但是也会增加系统的负担。为了不影响前台程序和其他后台程序的运行，一般情况下一个后台程序的执行频率不要超过 100 次 / 秒，也就是暂停时间要不小于 10 毫秒。

主程序中的无限循环也可以看成是一个特殊的后台任务，这个任务已经包含了无限循环功能和任务切换功能，暂停时间是 20 毫秒。无限循环和后台运行的关系如图 2-77 所示。它不需要再添加循环和暂停功能，只需要将重复运行的编程模块放进去就可以了。

在后台运行是一个非常有用的功能，它可以让编程变得简单和有趣，能够让我们学习到现代编程中多任务的思想，学习将复杂的任务分解为多个简单的小任务，以及多个任务的协作运行和并行处理。

但是，多任务系统比单任务复杂得多，增加了程序调试的难度，需要仔细分配好每个任务的功能，规划好每个任务的运行方式、时间、占用的系统模块等，所以，在使用后台运行功能时要非常慎重，否则，也容易出现各种意想不到的错误结果。

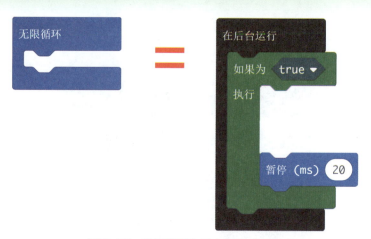

图 2-77　无限循环和后台运行的关系

2.7.2 前、后台程序协同运行

后台程序可以和前台程序（无限循环）、事件等一起使用，分别完成不同的功能。图 2-78 所示为无限循环和后台程序协同运行。

图 2-78　无限循环和后台程序协同运行

2.7.3 多个后台任务

一个程序可以包含多个后台任务，每个后台任务完成一个功能，如下面程序（参见图 2-79）包含了三个后台任务：

- 任务 1，在屏幕（4，0）处切换 LED 显示状态；
- 任务 2，递增计数器并无线发送计数器的数值；
- 任务 3，向串口发送计数器数值。

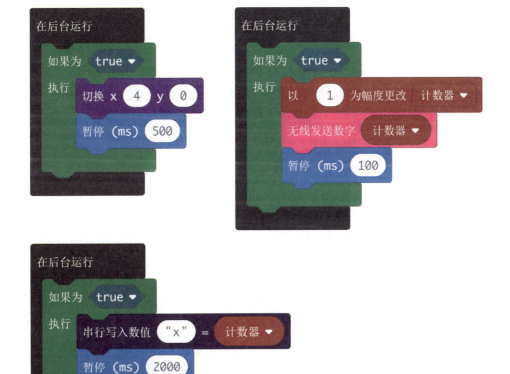

图 2-79 多个后台程序

在 MakeCode 中，多个后台任务轮流分时执行。如果学习过嵌入式 RTOS（实时操作系统）会发现，"在后台运行"模块功能和 RTOS 中的任务非常相似。实际上，每个后台任务就是 RTOS 系统中的一个任务。一个程序可以包含多个后台运行的任务，每个任务完成一个或多个功能，多个任务就组成了一个复杂的程序。

RTOS:

RTOS 又称实时操作系统（real time operate system），是专为实时应用而设计的多任务系统。实时操作系统与一般的系统相比，最大的特性就是"实时性"，也就是说，如果有一个任务需要执行，实时操作系统会在较短时间内执行该任务，不会有较长的延时。这种特性保证了各个任务的及时执行。

灵活使用"后台运行"模块功能，可以将一个复杂的程序分解为多个简单的小任务，这样不但给编程和维护带来了方便，还有助于团队协作开发。团队中每个人完成一个或几个任务，可以提高开发效率。

比如，在一个数据采集系统中，我们可以设置一个任务收集传感器的数据，一个任务进行数据处理和存储，一个任务进行数据显示，一个任务响应按钮，一个任务进行数据传输到云服务器。这样每个任务的功能和流程都很清晰，编程容易实现，调试也很方便。

如果以后升级程序，也只需要单独修改一个或几个任务，而不用修改整个程序。比如改变了传感器型号，只需要修改相应传感器采集任务；更换了云服务器，只需要修改相应数据上传任务。如果把这些事件全部放在主程序的无限循环中处理，程序就会非常复杂，难以维护。

因为无限循环是一种特殊的任务程序，所以一个程序中也可以包含多个无限循环，它们会被轮流执行，执行到一个无限循环的末尾后再切换到下一个无限循环。例如下面的多个无限循环（参见图 2-80），执行后会轮流在 LED 屏幕上显示 0、1、2。

图 2-80 多个无限循环

不过应注意的是，一般情况下不推荐使用多个无限循环进行多任务执行，因为它会让程序的结构变得混乱，可读性差，任务的执行时间也不容易精确控制。一个好的程序最好只包含一个"无限循环"。

2.7.4 任务切换

在 MakeCode 程序中，多个任务之间是平行关系，没有优先级的差别，每个任

第 2 章　MakeCode 高级编程功能

务都是平等的，由系统进行任务调度，分时运行。

一个后台运行的任务在完成需要处理的事情后，需要主动让出控制权，这样其他任务才能够正常运行。通常使用暂停功能进行控制权的转让，暂停的时间决定了任务的执行频率。

图 2-81 所示程序，每个任务都没有暂停功能，都不会出让控制权，运行结果就是程序只会在一个任务中不停循环执行，而另外一个任务没有运行，因此只有一个 LED 灯会闪（因为闪烁速度非常快，看到的是只有一个 LED 灯点亮）。

图 2-81　错误的后台程序

在上面程序的后台任务中加入暂停功能后（参见图 2-82），就可以看到两个 LED 灯都开始闪烁，说明每个后台程序都正常运行了。

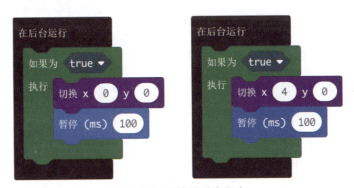

图 2-82　正确的后台程序

一个任务的暂停时间决定了任务的执行频率，暂停时间越短，任务的执行频率越高。因为任务切换也是需要一定时间的，一般情况下，暂停时间不要低于 10 毫秒，避免过于频繁的任务切换造成程序整体性能变差。

除了暂停功能外，显示数字或显示字符串、显示 LED、显示图标等功能也可以实现任务切换，因为它们内部使用了暂停功能控制显示速度，也就间接实现了任务切换。需要注意这些功能的显示延时时间也会叠加到任务中，影响任务的执行频率。一般情况下不直接使用它们来切换任务，因为不容易准确控制时间。

2.7.5 多任务版躲炸弹游戏

下面使用多任务的方式实现前面的躲炸弹游戏（参见图 2-83）。

在程序中，将游戏的功能分为几个小任务：

- 在"无限循环"中随机产生炸弹；
- 在一个"在后台运行"中实现控制精灵移动；
- 在一个"在后台运行"中实现碰撞检测和计分。

图 2-83 多任务版躲炸弹游戏

第2章 MakeCode 高级编程功能

相比不使用多任务的方式，多任务版本程序显得更加简洁，程序结构也更加清晰。如果需要修改计分规则，或者改变控制方式，使用多任务也更加容易实现，多任务编程的优点在这里可以清晰地体现。

2.8 事件

我们知道，微软的 Windows 操作系统内部有强大的消息管理和事件驱动机制，通过事件驱动，系统管理变得灵活而强大。现在 MakeCode 也将消息管理和事件驱动机制引入，我们同样可以通过事件方法对 micro:bit 进行编程。

先通过一个例子来了解 MakeCode 中的事件。在图 2-84 所示的程序中按下 A、B 按钮时分别显示了不同的内容，这是通过"当按钮被按下时"事件实现的。

图 2-84 当按钮被按下时程序

我们也可以通过系统底层事件方式响应按钮的动作，实现相同的功能，如图 2-85 所示。

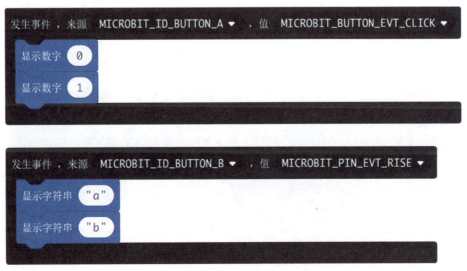

图 2-85 响应按钮的动作

相比 MakeCode 提供的基本功能，使用事件可以实现更多的功能，比如在按钮被按下、按钮释放、按钮点击等动作时执行不同的任务，而这些功能用一般方法是难以实现甚至无法实现的。

2.8.1 事件的基本形式

一个程序通常按照程序编写的流程顺序执行，而事件是在满足某种特定条件下才会执行的功能，使用事件有助于提高系统的效率。为了说明事件的功能和使用方法，我们先了解一下什么是事件。一个事件的基本形式如图 2-86 所示。

图 2-86　事件的基本形式

事件由事件来源和事件值组成。事件来源代表了发生的事件类型，它可以是按钮、引脚信号、无线通信、加速度传感器、手势等。事件值则代表了事件的具体内容，也就是发生的动作。micro:bit 的大部分功能都可以在事件中找到，通过事件来源和事件值的组合就可以实现各种各样的功能，甚至是系统分类中没有提供的功能。

事件是独立于其他模块的，一个程序中甚至可以没有"无限循环"和"当开机时"模块，只有"事件"模块。当触发一个事件后，"发生事件"模块会收到系统发来的通知，继而在事件中执行程序设定的功能，如前面按钮事件中显示数字和字母。一个程序中可以同时包含多个事件，但是这些事件的事件来源和事件值这两个参数不能相同，也就是说一个程序不能同时包含两个相同的事件，参见图 2-87 和图 2-88。

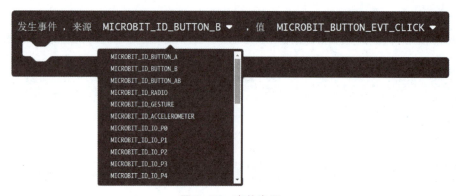

图 2-87　事件来源

第 2 章 MakeCode 高级编程功能

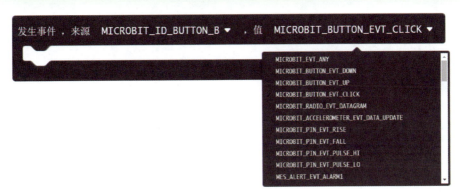

图 2-88 事件值

MakeCode 在基本功能中其实已经提供了一些事件，如当按钮按下时、无线接收到数据时、当引脚被按下时、当振动时等，它们都是 MakeCode 为了方便开发者而预先封装好的功能，比通用的事件更加直观。

2.8.2 消息和事件驱动机制

消息和事件驱动机制如图 2-89 所示，初看起来会比较复杂，但是在理解了消息和事件驱动的机制之后，会发现使用它不但非常方便，而且功能强大，运行效率高。

我们可以这样理解消息和事件：系统中有一个消息队列，micro:bit 上发生任何事件都会先通过消息方式存入消息队列。消息队列中的消息经过系统底层处理后，再提供给对应的事件处理模块。

编写程序实际上就是在处理各种消息事件，即编写消息处理的功能。

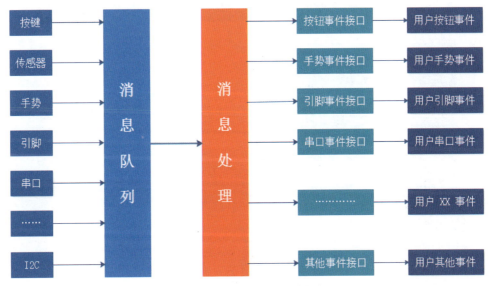

图 2-89 消息和事件驱动机制

比如按下了按钮 A，系统就会产生一个按钮 A 按下的消息，消息处理模块就会产生按钮 A 的事件。如果我们编写了按钮 A 事件处理程序，那么事件处理程序就会执行用户程序。如果没有编写按钮 A 事件处理程序，那么这个消息就会被丢弃。

使用消息队列有一个好处是在消息没有被及时处理时，不会丢失。例如在按钮 A 事件中，显示文字"Hello！"，这样每按下一次按钮 A 就会显示一次文字"Hello！"。因为显示文字需要一定时间，如果在显示过程中再次按下了按钮 A，这时按钮 A 的消息就不能得到及时处理，它会保存到消息队列中，等到当前显示完成后，再去处理按钮 A 的消息，显示"Hello！"。这样就可以保证事件不会丢失。消息队列保证了事件得到有效执行。

MakeCode 的消息和事件可以看成是 Windows 上消息和事件的简化版本，它们的原理是一样的。

2.8.3 主动引发事件

除了被动由外部事件触发消息，在程序设计时也可以主动引发事件，也就是主动发出消息，执行特定功能。主动引发事件如图 2-90 所示，在无限循环中周期性发出按钮 A 释放的消息，触发对应的事件，让 LED 灯闪烁。

图 2-90 主动引发事件

前面介绍了事件的基本知识和基本用法，下面再通过几个应用案例来了解和掌握事件的更多使用方法。

第 2 章　MakeCode 高级编程功能

2.8.4　按钮的按下、释放和点击事件

在图 2-91 的例子里，大家可以看到一个按钮动作引发的 3 个事件：按下、释放、点击，我们用不同位置的 LED 灯闪亮，代表发生不同的事件。

图 2-91　按钮的按下、释放、点击事件

2.8.5　手势事件

手势在我们生活中有广泛应用，例如手机、平板电脑、穿戴设备中都使用到手势功能。虽然 MakeCode 已经提供了手势事件模块，但是通过系统事件可以获得更多功能。下面通过系统事件来进一步了解手势的使用。

其实在图 2-92 所示程序中，同时使用了振动事件和手势事件，而手势事件的参数是任何事件。

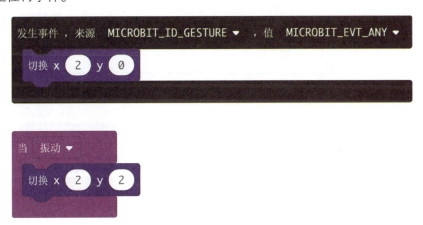

图 2-92　手势事件 1

注：

这个程序需要在 micro:bit 板上运行，模拟运行时的结果是不正确的。

运行结果：

当晃动 micro:bit 时，只有 LED 灯（2，0）会变化，LED 灯（2，2）不变。这说明系统事件先获取了手势消息，而振动事件没有执行。

这个程序也说明了消息的传递机制，以及系统消息和其他事件之间的关系。我们还可以做一些其他尝试，看看有什么变化？

如果修改手势事件的参数会怎样？比如改为"MICROBIT_BUTTON_EVT_DIWN"（参见图2-93），这是手势消息中不会用到的参数，因此它是一个不存在的事件，也不会引发系统消息。这时振动事件功能就正常了，可以看到 LED 灯（2，0）不会变化，而 LED 灯（2，2）会发生变化。

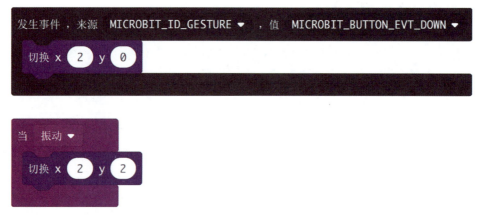

图 2-93　手势事件 2

上面的程序并没有实际意义，因为我们不会编写这样一个没有意义的消息事件。实际上是由于 MakeCode 现在还没有提供更多的手势事件值，使得我们无法在事件中区分不同的手势消息，等 MakeCode 消息丰富后，我们就可以在事件中处理不同的手势了。对于其他消息也是如此。

2.9　其他功能

在 MakeCode 中，在控制分类下还有一些不常用但很有用的功能。如果能够灵活使用它们，会给应用 micro:bit 带来意想不到的效果。

第 2 章　MakeCode 高级编程功能

2.9.1 重置

重置，也叫做复位，就是让程序重新运行，就像按下 micro:bit 的硬件复位按钮一样。重置在需要程序重新运行而又不方便按复位按钮或者需要自动复位时非常有用。

在图 2-94 所示程序中，计数器会显示一个不断递增的数字，当同时按下 A+B 按钮后，程序就会复位，重新开始计数。

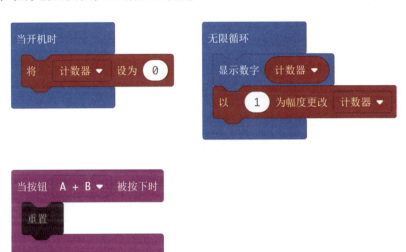

图 2-94　重新运行

2.9.2 微秒

MakeCode 在基本分类中提供了暂停功能，它的作用是暂停（延时）一段时间，时间的单位是毫秒。如果需要更短的暂停时间，就要使用"等待（us）"功能模块，如图 2-95 所示，它对于更精确的时间控制非常有用。

图 2-95　"等待（us）"功能模块

2.9.3 设备名称和设备序列号

《micro:bit 硬件指南》一书介绍，每个 micro:bit 都有一个唯一的序列号。通过图 2-96 所示编程模块就可以方便地获取设备序列号，获取的序列号是一个整数。

图 2-96　"设备序列号"模块

而"设备名称"模块如图 2-97 所示，它的值是根据序列号按照一定方式计算出的字符串，它也可以作为设备的唯一标识，在 micro:bit 进行蓝牙配对时也是使用它作为设备名称的。

图 2-97 "设备名称"模块

设备名称和设备序列号常用于识别不同的 micro:bit，例如身份识别、投票统计、无线通信等。我们可以在程序（参见图 2-98）中直接使用它们。

图 2-98 程序中使用"设备名称"和"设备序列号"模块

2.10 扩展

如果 MakeCode 自带的功能不能满足需要，那么我们可以通过添加扩展的方式增加 MakeCode 的功能（在 MakeCode V0 版中，这个功能叫做添加包，之后版本中改名叫做扩展）。

通过各种扩展，我们可以极大地延伸 MakeCode 功能，例如使用各种传感器、液晶显示模块、驱动小车、配合各种 micro:bit 套件等，满足定制化的需求。同时，还可以将 MakeCode 图形化编程直接难以实现的功能或者一些特定功能转变为扩展的方式，让应用程序更加简洁和方便。

MakeCode 的扩展分为两大类：官方扩展和第三方扩展。官方扩展就是经过微软和 micro:bit 基金会的认证，集成到 MakeCode 中，可以直接通过名称搜索到的扩展；而第三方扩展是爱好者为 MakeCode 编写的扩展，虽然没有列入官方扩展列表，但是也能够通过完整的网址进行加载，实现各种功能。

2.10.1 添加官方扩展

扩展的添加方法是在编程界面中单击右上角的小齿轮，在其下拉菜单中选择"扩展"（参见图 2-99）。

第 2 章　MakeCode 高级编程功能

图 2-99　添加扩展

选择后就会出现一个扩展搜索界面，同时会显示官方推荐的最常用扩展（参见图 2-100）。

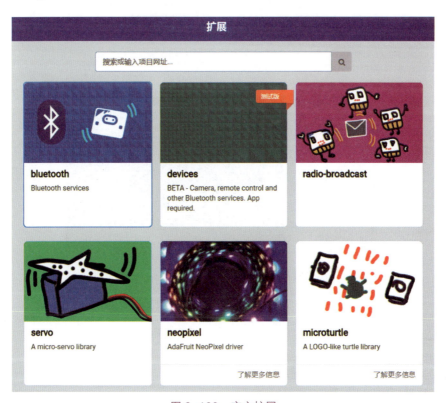

图 2-100　官方扩展

在搜索栏输入希望使用功能的名称，查找已经有的扩展。比如输入 car，就可以得到符合条件的结果（参见图 2-101）。只要在对应的扩展图标上单击，就可以添加到 MakeCode 中了（参见图 2-102）。

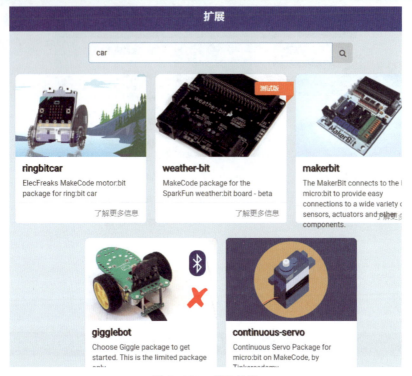

图 2-101 搜索扩展

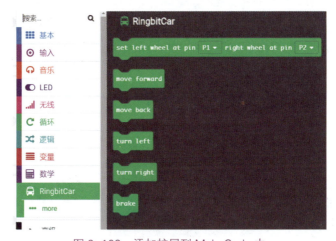

图 2-102 添加扩展到 MakeCode 中

2.10.2 添加第三方扩展

官方扩展虽然不错，但是数量比较少，不能完全满足需求。MakeCode 开放了第三方扩展的接口，让大家都可以为 MakeCode 编写扩展，除了可以编写各种传感器和液晶的扩展外，还可以将复杂的计算、控制算法、重复性的功能等变成扩展，让 MakeCode 的使用更加方便。

第 2 章　MakeCode 高级编程功能

网络上已经有非常多的第三方扩展，因此我们可以通过添加众多的第三方扩展实现更多的功能。第三方扩展的添加方法是在搜索栏上输入扩展的完整网址（注意网址不区分大小写），然后单击搜索按钮。

例如，添加一个 I2C 1620 液晶的驱动功能，网址是：

https://GitHub.com/makecode-extensions/I2CLCD1620_cn

操作过程如图 2-103 和图 2-104 所示，输入（或复制粘贴）网址后进行搜索，并显示搜索结果。单击扩展图标加载到 MakeCode 中。使用方法和官方扩展相同。

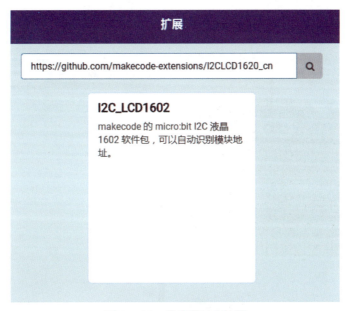

图 2-103　搜索第三方扩展

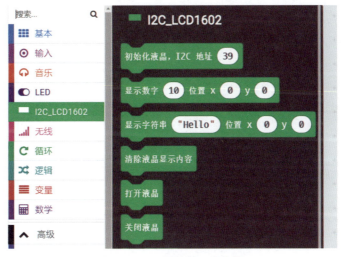

图 2-104　添加第三方扩展

目前 MakeCode 限制第三方扩展的程序只能存放在 https://GitHub.com/ 上（GitHub 已经被微软收购），并且使用 MIT 授权方式。

2.10.3 删除扩展

如果发现一个扩展不适用，或者不小心添加了错误的扩展，希望删除它以节约程序空间，那么应首先切换到代码编程方式（单击编程界面上方的"JavaScript"），然后单击左侧 micro:bit 图案下方的"资源管理器"，看到已经添加的扩展。选中希望删除的扩展名称单击右边的垃圾桶图标，就可以删除不需要的扩展了，如图 2-105 所示。

图 2-105　删除扩展

第 3 章　移动终端 APP 的应用

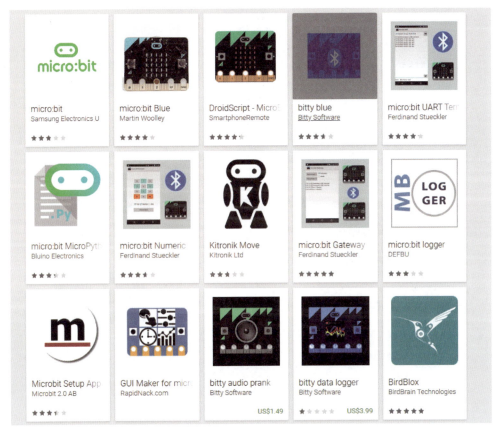

　　micro:bit 已经有多个移动终端的 APP，可以通过蓝牙和手机互动、在平板电脑上编写程序，使得 micro:bit 的应用更加方便和多样化。最常用的 APP 有苹果和安卓两个版本，使用方法和功能基本相同。

　　micro:bit 通过蓝牙与移动终端通信，可以实现很多应用创意。由于蓝牙应用和移动终端（手机、平板电脑）APP 是紧密相关的，所以我们将蓝牙功能的应用也放在这里一起详细介绍。

　　下面我们先以 micro:bit 官方中的 APP 为例，介绍 APP 和蓝牙的基本使用方法。此外还会介绍一些常用的 APP，以及 APP 与 micro:bit 的互动或蓝牙通信应用。在进行学习之前，需要先在手机上安装相关 APP（APP 可以在谷歌应用商店或者苹果商店中下载安装，在本书的附录中，也提供了参考下载网站），并且在 micro:bit 上写入

一个 MakeCode 编写的程序或者恢复默认出厂程序，保证蓝牙功能可以使用。

APP 软件与 micro:bit 蓝牙连接关系示意图如图 3-1 所示，显示了 micro:bit 底层程序与 APP 软件系统的关系，可以了解固件、用户程序、APP 软件之间的基本关系，以及每个部分提供了哪些功能。

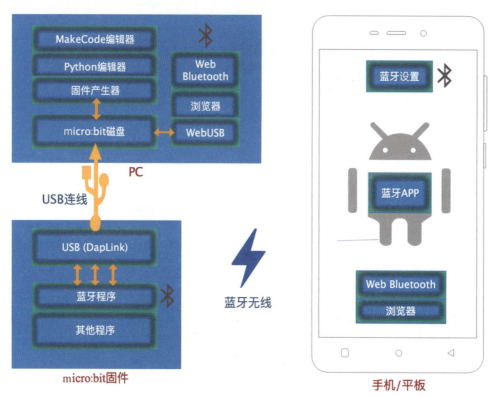

图 3-1　APP 软件与 micro:bit 蓝牙连接关系示意图

目前，在 micro:bit 中，由于受到程序空间和芯片资源限制，Python 编程无法使用蓝牙功能，只有在 MakeCode 中才可以使用蓝牙。

3.1　蓝牙通信的扩展应用

蓝牙是一种历史悠久、使用广泛，并且仍然在不断发展的无线通信技术（如最新的 WebBuletooth 和 Mesh 网路功能）。蓝牙通信最主要的目的是建立一种通用、简单方便、可靠的无线通信方式。

最初由蓝牙官方组织的 Martin Woolley 和来自兰开斯特 (Lancaster) 大学的 Joe Finney（他制定了 micro:bit 的设备抽象层 DAL）依据现有的世界蓝牙组织的"通用接入子集 (GAP)"通信协议，定义出 micro:bit 专用的"通用属性总则 (GATT)"，后

第3章 移动终端 APP 的应用

来又补充了 UART 和 Eddystone UID/URL 等服务，让 micro:bit 的蓝牙应用服务功能不断完善。

虽然也是一个微型计算机，但是受到板卡上的软、硬件资源限制，micro:bit 不能像 PC 那样没有限制地使用蓝牙功能。所以，在 micro:bit 上使用蓝牙功能时，需要选择适合 micro:bit 的标准应用服务，合理利用硬件资源，这也可以帮助我们理解 micro:bit 的蓝牙软件生态。

下面先介绍 micro:bit 蓝牙应用服务提供的功能，对蓝牙服务有了基本了解之后，就能进一步使用 micro:bit 的全部功能了。在 MakeCode 的蓝牙扩展中，使用的蓝牙服务可以参考如下网址：

https://lancaster-university.GitHub.io/microbit-docs/ble/profile/

3.1.1 添加蓝牙扩展

在默认情况下，MakeCode 中的蓝牙功能是关闭的。为了使用蓝牙，我们需要先添加蓝牙功能扩展。如果只使用基本的蓝牙功能，可以只添加蓝牙（Bluetooth）扩展；如果需要和移动终端（手机、平板电脑）等进行交互，就需要添加设备（Devices）扩展，在添加设备扩展时会自动添加蓝牙扩展，如图 3-2 所示。

图 3-2　添加蓝牙和设备扩展

蓝牙和无线（Radio）通信都使用了相同的硬件模块，因此两者不能同时使用，所以添加蓝牙扩展时，会提示删除无线扩展功能（参见图 3-3）；反之，添加无线

扩展功能时也会自动删除蓝牙扩展功能。

图 3-3　添加蓝牙时提示删除 radio 功能

下面介绍的应用功能，都需要先在 MakeCode 程序中添加蓝牙或设备扩展功能才能正常使用。

3.1.2　MakeCode 中蓝牙服务

MakeCode 提供了几种蓝牙服务功能（参见图 3-4）：加速度计、磁力计、温度、按钮、LED、引脚、UART、信标（蓝牙公布网址）等。后面将分别详细介绍每个模块，方便大家在各种创意制作中参考和应用。

图 3-4　micro:bit 的蓝牙服务

3.1.3 MakeCode 中蓝牙应用

在 MakeCode 里用到的蓝牙扩展模块和 GATT 蓝牙应用服务的关系如表 3-1 所示，前三项（蓝牙预设）包含通用访问/通用属性/设备信息，是属于蓝牙程序的基本/通用服务。

表 3-1　蓝牙扩展模块和 GATT 蓝牙应用服务的关系

积木	服务	说明
蓝牙 （预设）	通用访问 （Generic Access）	提供设备的一般信息
	通用属性 （Generic Attribute）	客户端属性表
	设备信息 （Device Information）	提供设备或制造商的更详细信息
蓝牙	加速度计 （Accelerometer）	提供加速度传感器的状态及配置
蓝牙	磁力计 （Magnetometer）	提供磁力传感器状态和配置 提供当前方向（角度）值
蓝牙	温度 （Temperature）	提供 micro:bit 内部温度（摄氏度）测量
蓝牙	按钮 （Button）	按钮状态
蓝牙	发光二极管 （LED）	LED 显示屏控制
蓝牙	输入输出引脚 （IO Pin）	允许访问和配置对外连接的 IO 引脚
设备 （蓝牙预设）	事件 （Event）	允许通知连接的客户端事件数据
蓝牙 （预设）	DFU 控制 （DFU Control）	用于启动设备固件更新，由设备商定义 （有配对要求，请参考 3.5.3 节）
蓝牙	UART	提供 BLE 串口数据通信功能
蓝牙	Eddystone 信标 （Beacon）	提供附近感兴趣位置，物体的 UID 或 URL 信息

表 3-1 中说明里提到的"客户端"是指手机 APP 应用中 GATT 的客户端（Client），而 micro:bit 是 GATT 连线架构的服务端（Server），两者通过 GATT 的蓝牙应用服务达成信息交换。通过这样的方式，蓝牙扩展功能和移动终端应用服务就能结合在一起使用了。

3.1.4 MakeCode 中设备扩展

除了基本的蓝牙服务功能外，MakeCode 还提供了专门的设备功能，可以通过蓝牙直接与手机 APP 进行交互，实现拍照、远端控制、消息通知、游戏手柄、信号强度等多种应用功能。

我们必须先添加设备扩展，之后就可以使用设备扩展提供的专用编程模块和 APP 进行交互应用了。每种编程模块都提供了一个或多个功能，可以通过下拉框选择需要的功能。图 3–5 显示了"指示相机"编程模块包含的功能。

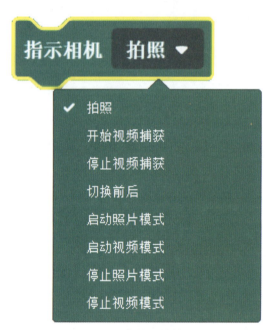

图 3–5　设备编程模块功能

设备扩展编程模块功能的完整对应关系如表 3–2 所示。

表 3–2　设备扩展编程模块功能对应表

编程模块	支持功能
指示相机 拍照	• 拍照 • 开始视频捕捉 • 停止视频捕捉 • 切换前后 • 启动照片模式 • 启动视频模式 • 停止照片模式 • 停止视频模式

（续表）

编程模块	支持功能
指示遥控 播放	• 播放 • 暂停 • 停止 • 下一首 • 上一曲 • 前进 • 后退 • 调高音量 • 调低音量
发送警报以 显示提示信息	• 显示提示信息 • 振动 • 播放声音 • 播放铃声 • 查找我的手机 • 播放报警1 • 播放报警2 • 播放报警3 • 播放报警4 • 播放报警5 • 播放报警6
当收到 传入呼叫	• 传入呼叫 • 传入消息 • 横向 • 纵向 • 摇动 • 显示关 • 显示开
当按下 A下 游戏手柄按钮时	• A下 • A上 • B下 • B上 • C下 • C上 • D下 • D上 • 1下 • 1上 • 2下 • 2上 • 3下 • 3上 • 4下 • 4上
当信号强度变化时	• 信号强度事件

3.2 蓝牙安全模式

在 MakeCode 创建的蓝牙程序中，目前提供三种安全加密模式。

（1）不安全 (Unsecure)：可搜索设备但没有配对功能；

（2）可用 (JustWorks)：配对联机但不验证 PIN 码（MakeCode 的默认模式）；

（3）密码锁 (Passkey)：配对联机且要验证 6 位数字的 PIN 码。

PIN（Personal Identification Number）的中文是指"用户个人识别号码"。

表 3-3 的蓝牙安全模式说明了 micro:bit 和 APP 之间的连接方式。部分 APP 允许在"不安全"模式下直接连接，但在其他模式下 APP 若没有配对成功则会被禁止进行蓝牙连接。

表 3-3 蓝牙安全模式

蓝牙安全模式	在APP中搜索设备	蓝牙配对
不安全	支 持	不支持
可 用	不支持	支 持
密码锁	不支持	支 持

如果要在 MakeCode 程序中改变安全加密模式，则须在下载 Hex 固件到 microbit 之前先在 MakeCode 里修改设置，设定蓝牙安全性。在 MakeCode 界面右上角的齿轮图标里，找到和打开"项目设定"选项（参见图 3-6），然后参考表 3-3 进行设定。

图 3-6 设定蓝牙安全性

第 3 章 移动终端 APP 的应用

在后面的 MakeCode 程序中，如果没有特别说明，都使用默认的蓝牙安全模式（也就是不用修改安全模式），它适合绝大部分情况。

3.3 恢复默认出厂固件

新买到的 micro:bit 板会带有一个演示程序，也支持蓝牙功能，可以方便地和 APP 进行蓝牙连接。为了更容易地测试蓝牙功能，我们可以重新写入原有的程序，让 micro:bit 恢复默认功能，方便进行蓝牙连接。

首先从官方网站 https://microbit.org，找到 Developer（开发者）部分，就能找到 Bluetooth 的链接网页，然后下载程序，关于蓝牙的介绍界面如图 3-7 所示。

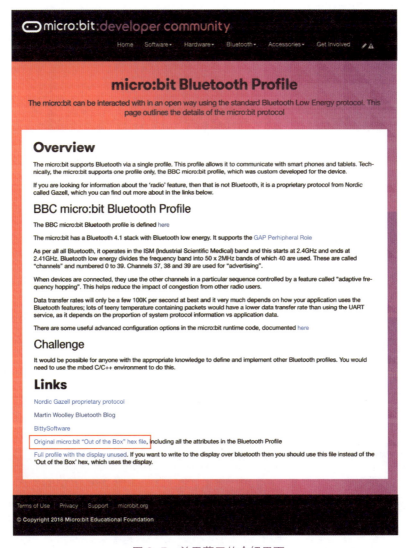

图 3-7　关于蓝牙的介绍界面

或者直接通过网址 https://tech.microbit.org/bluetooth/profile/，找到图中的红框标出的固件地址：

https://lancaster-university.GitHub.io/microbit-docs/resources/BBC_MICROBIT_OOB_FINAL.zip

将下载文件中包含的 BBC_MICROBIT_OOB_FINAL.hex 文件写入 micro:bit 后，就可以恢复默认的功能了。

3.4　常用的 APP

蓝牙功能需要在手机上安装 APP 后才能配合使用，目前 micro:bit 最常用的 APP 有：

- micro:bit APP，官方 APP；
- micro:bit Blue APP，蓝牙测试软件；
- nRF Connect APP，nRF 底层测试软件；
- DroidScript，编程软件。

这些 APP 都可以在 micro:bit 官网首页、谷歌商店或苹果商店中下载，也可以在附录提供的网址下载。下面将通过这些 APP 来介绍蓝牙的具体使用方法。

3.5　micro:bit 官方 APP

micro:bit 官方提供的 APP 分为安卓和 iOS 两个版本，两个版本的功能是一样的。它们可以分别在谷歌商店和苹果商店中下载，只要在商店中搜索 micro:bit 就可以找到（安卓版本是由三星公司提供的，三星公司也是 microbit 基金会的合作方之一）。下面以安卓版本 APP 为例进行介绍，iOS 版本的 APP 使用方法是相同的。

在使用 APP 前，需要下载一个 MakeCode 编写的 Hex 程序文件到 micro:bit 中，或恢复默认的 micro:bit 程序，保证 micro:bit 支持蓝牙功能。

安装并运行 micro:bit 的官方 APP 后，可以看到如图 3-8 所示的界面，包含了以下四大功能：

Connect………………连接；

第 3 章　移动终端 APP 的应用

　　Flash……………………下载；
　　Create Code……………编程；
　　Discover ………………发现。

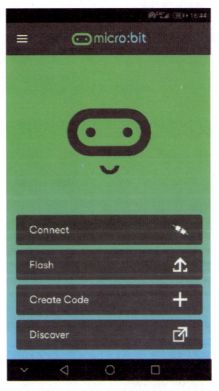

图 3-8　APP 的运行界面

3.5.1　配对模式

　　使用蓝牙功能首先需要配对。进行配对前，需要将 micro:bit 预先设置为配对模式。方法是同时按住 micro:bit 的 A、B 两个按钮不放，然后按下反面的 RESET（复位）键。在保持 A、B 两个按钮按下的同时，松开 RESET 键，大约 3 秒之后，在 micro:bit 的 LED 显示屏上会出现提示信息，表示进入了配对模式（MakeCode 的 V0 版本会显示文字"PAIRING MODE!"，MakeCode 的 V1 版本会显示快速填充的图案）。提示信息显示完成后，micro:bit 上就会显示一个配对图案，这个图案与硬件相关，每个 micro:bit 都不尽相同，它将用于和 APP 的配对。受到屏幕显示限制，配对图案显示为 5 列，以每一列点亮的 LED 数量代表不同数据。为了方便查看，可以将此点阵图案自左向右解读为 35325，如图 3-9 所示。

图 3-9 micro:bit 配对模式图案

3.5.2 配对

APP 中的第一个功能按钮"Connect"（连接），它用于和 micro:bit 建立蓝牙连接。如果 micro:bit 没有和 APP 配对过，那么单击"Connect"按钮后会出现如图 3-10 所示的配对新的 micro:bit 画面。

图 3-10 配对新的 micro:bit

第 3 章　移动终端 APP 的应用

如果 APP 没有和 micro:bit 配对过，或者是需要添加新的 micro:bit，那么就单点击图中的黄色按钮，配对新的 micro:bit。

然后根据 APP 给出的提示进行操作。第一个画面是提示怎样将 micro:bit 设置为配对操作模式（参见图 3-11），单击"Next"（下一步）按钮后，就会出现一个 5x5 的输入配对图案（参见图 3-12），这里需要在这个输入配对图案中点击方块使对应 LED 灯点亮。需要将 APP 中的图案设置为图 3-9 中 micro:bit 显示的图案，只有 APP 和 micro:bit 上的两个图案完全一致才能进行配对。输入完成后，单击右下角的"PAIR"（配对）按钮开始配对。

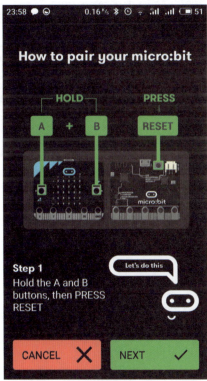
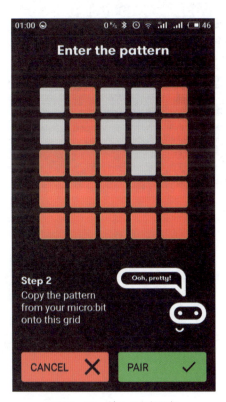

图 3-11　配对操作提示　　　　　　图 3-12　输入配对图案

正常情况下，APP 上很快就会显示配对成功提示（参见图 3-13）。

如果出现错误，就会显示配对超时提示（参见图 3-14）。这时需要重复前面的步骤，让 micro:bit 再次进入配对模式，重新开始配对。

如果一直出现连接超时的错误提示，说明手机系统和 micro:bit 不兼容，需要更换手机再进行尝试（部分型号的安卓和苹果手机存在蓝牙兼容性问题，特别是较早期的手机更容易出现兼容性问题）。

图 3-13 配对成功提示

图 3-14 配对超时提示

- 进行配对和联机时，手机和 micro:bit 之间不要距离太远，也不要在有较强干扰的环境中使用（例如路由器旁边）；
- APP 一次只能保存一个配对过的 micro:bit 信息，如果配对新的 micro:bit，会自动替换 APP 以前保存的配对信息；
- 部分手机和平板电脑存在无法和官方 APP 配对的问题，这是手机和平板电脑系统与 APP 存在兼容性问题（主要是 APP 的问题）；
- 无法配对的手机将不能使用官方 APP 和 micro:bit 进行联机，以及通过官方 APP 下载程序，但是并不影响其他 APP 通过蓝牙和 micro:bit 的通信。

3.5.3 联机

如果 APP 已经和 micro:bit 配对，那么就可以在"Connect"（连接）中看到已经配对的 micro:bit 名称。

如果名称处是深色背景（参见图 3-15），代表 APP 和 micro:bit 没有联机。我们可以单击一下名称，进行联机。联机成功后，背景会变为白色，右边图标也变成

第 3 章　移动终端 APP 的应用

数据线合拢的绿色状态，如图 3-16 所示。

图 3-15　已配对未联机的 micro:bit

图 3-16　已联机的 micro:bit

如果在联机状态下单击名称，将断开已联机的 micro:bit。

- 单击联机后，并不是立即生效的，APP 需要一定时间进行联机操作；
- 有时需要复位一下 micro:bit 才能联机成功；
- 有时甚至需要完全退出 APP 后（同时清理系统后台），重新运行 APP 才能联机成功。

3.5.4　取消配对

有时，我们需要取消已经配对的 micro:bit。APP 没有提供取消配对功能，我们需要通过手机系统取消配对。对于安卓手机系统，在蓝牙设置中选择已经配对的 micro:bit 设备，然后选择取消配对。操作步骤如图 3-17 和图 3-18 所示。对于 iOS 系统，在蓝牙设置中选择忽略配对的 micro:bit 设备即可。

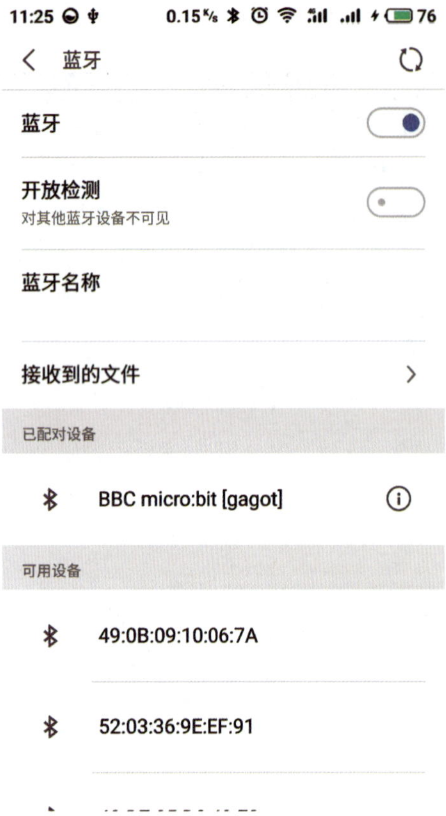

图 3-17　选择配对的 micro:bit

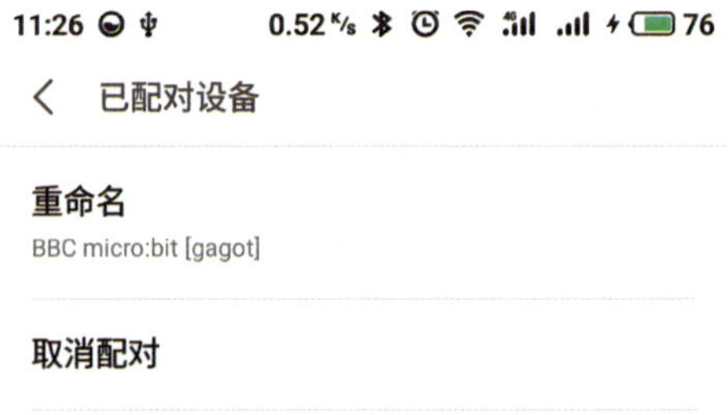

图 3-18　取消配对

3.5.5　下载 APP 自带例程

官方 APP 中自带了 3 个例程，我们可以使用 APP 通过蓝牙方式将例程下载到 micro:bit 中运行。

先在 APP 的软件界面中，单击"Flash"（下载），就会出现 APP 自带的例程，如图 3-19 所示的界面。

APP 界面中会列出手机中可以使用的程序，默认情况是 APP 自带的 3 个例程。单击选择其中一个例程，它会自动展开。再单击蓝色的 Flash 按钮，就会启动蓝牙下载功能。APP 会先询问是否需要下载（参见图 3-20），单击绿色的确认按钮"Ok"，APP 就开始联机并下载了。

下载时，首先会联机 micro:bit，并发送命令使 micro:bit 重启，进入下载模式（参见图 3-21）。

一旦成功进入下载模式，APP 就会显示下载进度条（参见图 3-22）。这时不要操作 micro:bit，特别是不要断开电源和按下复位按钮。

第 3 章　移动终端 APP 的应用

下载成功后，APP 会提示按下复位按钮，运行新的程序，如图 3-23 所示。

图 3-19　APP 自带的例程

图 3-20　确认下载

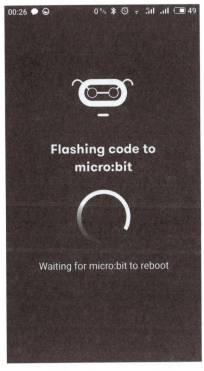

图 3-21　等待 micro:bit 重启

图 3-22　程序下载

图 3-23 下载成功

- 蓝牙方式下载的速度比 USB 方式慢，要耐心等待下载完成。
- 如果联机不成功，可以将 micro:bit 复位，有时需要先进入配对模式，再进行下载操作。

3.5.6 下载用户程序

除了下载 APP 自带的例程，我们也可以在移动终端（手机、平板电脑）上编写程序，然后通过蓝牙下载。以前可以通过 APP 的"Create Code"（编程）功能调用系统默认浏览器编写程序，但是现在 microbit 的网站进行了升级，再加上一些安卓系统手机替换了系统浏览器，使默认的浏览器不再是安卓系统原生的浏览器，这样就造成手机 APP 编程功能已经不太好用了。

因此，最好不直接使用 APP 的"Create Code"（编程）功能编写程序，而是在手机上先安装一个新版本的谷歌安卓版浏览器（内核版本大于 65），然后用谷歌浏览器打开 MakeCode 网站（https://MakeCode.microbit.org），在线编写程序，如图 3-24 所示。

使用谷歌浏览器编写好程序后，单击下载图标将程序保存为 HEX 文件，如图 3-25 所示（如果程序比较复杂，可以先在计算机上编写，然后复制到手机中）。

第 3 章　移动终端 APP 的应用

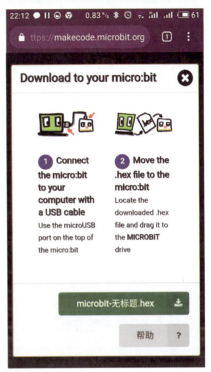

图 3-24　用谷歌安卓版浏览器在线编写程序　　图 3-25　保存程序为 HEX 文件

再返回到 micro:bit 的官方 APP，打开"Flash"（下载）功能，就可以看到保存过的用户程序已经出现在这里。此时就可以像下载 APP 例程那样下载用户程序了，如图 3-26 所示。

图 3-26　下载用户程序

苹果移动终端（iPhone、iPad）在保存文件时会寻找移动终端里的 micro:bit 的 APP，然后自动跳转到这个界面。

3.5.7 安卓 APP 源码

安卓 APP 的程序是开源的，它存放在 GitHub 上。如果希望了解官方 APP 的代码、学习蓝牙编程方法、为 APP 增加功能，可以参考 GitHub 上的源码：

https://GitHub.com/Samsung/microbit

3.6 用设备扩展与手机互动

前面介绍了蓝牙的基本功能，下面介绍 MakeCode 中蓝牙的使用方法。

使用 MakeCode 中的设备扩展，可以非常简单地实现 micro:bit 和手机互动。只需要简单地在 MakeCode 中编程，就可以控制手机的音量、应用播放、相机等。

使用设备扩展与手机互动时，不需要在手机上编程就可以通过系统默认 APP 进行控制，但需要在 micro:bit 上编写程序，同时在手机上先运行官方 APP 并和 micro:bit 联机。

3.6.1 蓝牙连接和断开事件

蓝牙扩展中提供了两个事件，蓝牙连接事件和蓝牙断开事件。使用这两个事件模块可以检测蓝牙的连接和断开状态，如图 3-27 所示程序实现在通过蓝牙连接时显示字符 C，在断开蓝牙连接时显示字符 D。

图 3-27　蓝牙连接和断开事件

3.6.2 控制相机

使用设备扩展中的"指示相机"功能，可以方便地控制手机上的相机，实现蓝牙遥控拍照等功能。

图 3-28 所示是一个完整的蓝牙遥控拍照的 MakeCode 程序，它的主要功能如下：

- 开机时，显示一个笑脸图标；
- 当通过蓝牙连接时，显示字母 C；
- 当断开蓝牙连接时，显示字母 D；
- 如果按下 A 按钮，先显示一个菱形，再启动相机并延时 2 秒（因为启动照片模式需要一定时间，如果不延时容易造成拍照失败）；
- 控制相机拍照，完成后清空屏幕。

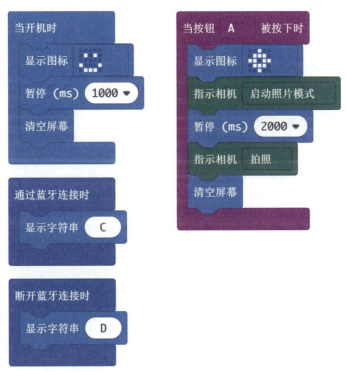

图 3-28　蓝牙遥控拍照

下载程序到 micro:bit 后，需要先用官方 APP 和 micro:bit 联机，等到 micro:bit 屏幕上出现字母 C 提示后，再按下 A 按钮，否则控制功能将不生效。

这个程序用到了"指示相机"编程模块的"启动照片模式"和"拍照"两个功能。默认是调用前置摄像头拍照，还可以切换到后置摄像头。"指示相机"除了拍照功能外，还支持拍摄视频，用法和拍照类似。

由于不同的手机系统带有的蓝牙功能可能因为硬件、系统版本等原因，存在与 micro:bit 蓝牙功能不兼容的问题，因此部分手机无法使用上述功能。

表 3-4 是日本网友提供的部分手机与 MakeCode 设备扩展兼容性的测试报告。

表 3-4 设备扩展兼容性

test date	mobile phone		Application "micro:bit"	IDE	Test result of package "devices"										
	model	os	version pairing	makecode.microbit.orgversion	display toast	take photo	play	launch video mode	display off	call	shaken	start video capture	volume up	ring alarm	display on	total number of passed
2017-06-23	Sony XPERIA Z3	Android 6.0.1	v2.0 pass	0.12.40	pass	fail	pass	fail	fail	pass	pass	fail	pass	pass	fail	6
2017-06-23	Apple iPhone 5	iOS 10.3.2	v2.0 fail	0.12.40	fail	fail	fail	fail	fail	fail	fail	fail	fail	fail	fail	0
2017-06-23	Huawei MediaPad T1 7.0	Android 6.0	v2.0 pass	0.12.40	pass	fail	pass	pass	fail	-	fail	fail	fail	fail	fail	3
2017-07-10	Apple iPhone 6	iOS 10.3.2	v2.0 fail	0.12.40	fail	fail	fail	fail	fail	fail	fail	fail	fail	fail	fail	0
2017-07-11	Sony XPERIA XZ	Android 6.0.1	v2.0 pass	0.12.40	pass	fail	fail	pass	fail	pass	pass	fail	pass	pass	fail	6
2017-07-11	Samsung Galaxy S7 edge	Android 6.0.1	v2.0 pass	0.12.40	pass	fail	fail	pass	fail	pass	pass	fail	pass	pass	fail	6

数据来源：https://qiita.com/asondemita/items/05ae8a5f005484465f83。

3.6.3 控制音乐播放

使用设备扩展中的"指示遥控"编程模块，可以控制手机的音乐播放器，如图 3-29 所示。

参考程序如下：

- 开始运行时显示音乐图标，然后清空屏幕；
- 在蓝牙连接或断开时，显示 C 或 D；
- 按下 A 按钮时，播放上一首音乐；
- 按下 B 按钮时，播放下一首音乐；
- 同时按下 A、B 两按钮，切换播放 / 暂停模式，并显示播放 / 暂停图标。

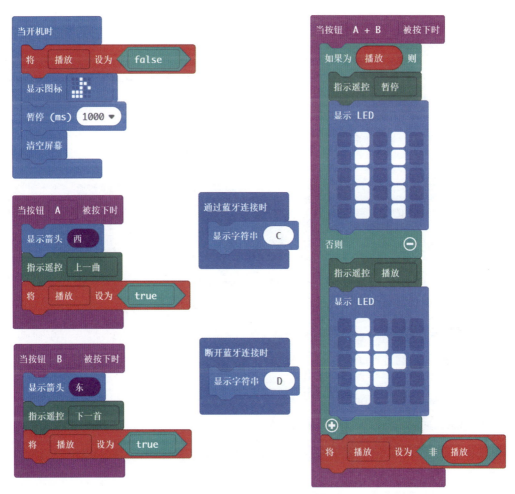

图 3-29 控制音乐播放器

程序中使用了"指示遥控"编程模块的 4 个功能：

- 上一首；
- 下一首；
- 播放；
- 暂停。

"指示遥控"编程模块还有停止、前进、后退、调高音量、调低音量等功能，读者可以自行尝试。程序的使用方法和控制相机类似，也需要先联机才能控制。

3.6.4 发送警报

设备编程模块的另一个有用的功能是发送警报，它可以让手机发出默认提示声、默认系统声音、默认铃声、警报声等。

播放声音程序如图3-30所示，大家可以修改程序播放不同的声音。

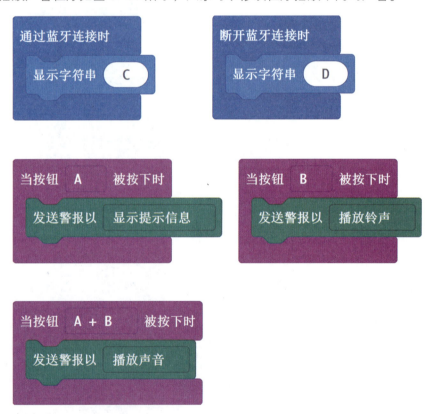

图 3-30 播放声音程序

上面分别介绍了控制相机、音乐及警报功能的用法，这些功能除了可以单独使用外，也可以组合使用，或者和micro:bit的传感器配合使用，实现更复杂和实用的功能。

3.7 Bitty Blue

Bitty Blue 曾被称为 micro:bit Blue,是来自 Bitty 公司开发的蓝牙应用 APP,能够方便地测试 micro:bit 上各种蓝牙标准应用服务功能。

图 3-31　bitty 公司的各种 APP

使用 Bitty Blue 可以测试加速度计、磁力计、温度、按钮、LED、引脚等蓝牙服务功能(请参见第 3.1.2 小节),它提供了一系列与 BBC micro:bit (或兼容设备)和蓝牙有关的有趣应用。例如使用 micro:bit 作为指南针、使用 micro:bit 的按钮进行控制、将文本发送到 micro:bit LED 显示屏等。还可以监控环境温度,如果温度过低或过高,就可以使用 micro:bit 发送预设的消息到手机。

大家也可以通过这个 APP 观察 micro:bit 里的蓝牙程序支持了哪些应用服务。Bitty Blue 软件支持大部分手机或平板电脑,即使无法通过官方 APP 配对成功也一样可以使用,是一个非常好用的工具。在 Bitty 官网上有很多应用案例及教程供学习和应用。

网址:http://www.bittysoftware.com/

3.7.1　编写 micro:bit 程序

使用 APP 之前,应先在 MakeCode 中添加需要使用的蓝牙服务功能,只有添加了相应的蓝牙服务功能,microbit 才会开启相应的其他功能,APP 才能进行相关功能的测试。可以只添加需要的部分蓝牙服务功能以节约程序空间和降低功耗。添加蓝牙服务时,只需要在"当开机时"模块中执行一次,无须进行其他操作,此时复杂的底层通信功能都被封装到了系统内部。

添加蓝牙服务程序如图 3-32 所示,程序中"通过蓝牙连接时"和"断开蓝牙连接时"两个功能不是必需的,它们只是为了方便指示蓝牙连接和断开状态,方便观察蓝牙通信过程。

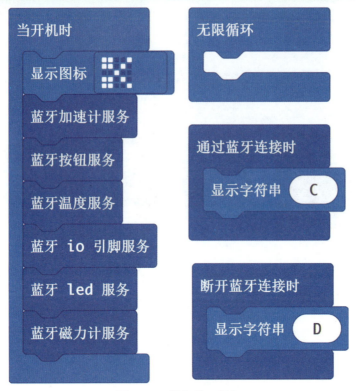

图 3-32　添加蓝牙服务

3.7.2　配置和连接

如果手机、平板电脑可以用 3.5 节中介绍的官方 APP 和 micro:bit 配对联机，那么使用默认配置就可以了。如果不能使用官方 APP 配对，就需要在进入软件后，单击界面右上角的图标（三个圆点）进行软件配置，如图 3-33 所示。

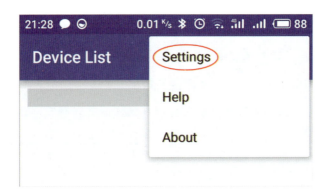

图 3-33　软件配置

在设置中去掉 Bluetooth Scanning 选项的勾（过滤掉搜索结果中没有配对的 micro:bit），就可以搜索到没有配对的 micro:bit 了。

第 3 章 移动终端 APP 的应用

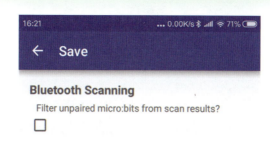

图 3-34 取消默认的蓝牙搜索选择

进行上述配置后,我们就可以在 APP 的主界面中,单击最下方的 "FIND PAIRED BBC MICRO:BITS"(搜索配对的 micro:bit)按钮进行搜索,搜索结果会列出在界面中,如图 3-35 所示。

在列表中单击需要配对的 micro:bit,将开始连接,连接成功后才会进入功能测试界面,软件功能如图 3-36 所示。

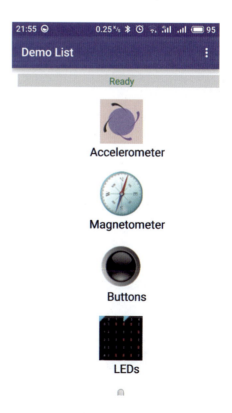

图 3-35 搜索配对的 micro:bit　　　　图 3-36 软件功能

需要注意的是，蓝牙连接是一对一的，也就是一个 micro:bit 一次只能和一个手机连接，如果需要和另外手机连接，需要先断开已经连接的手机。

3.7.3 获取蓝牙服务

在 APP 连接后，就可以查看 micro:bit 上提供了哪些蓝牙服务。单击功能测试界面的右上角图标以及第二个菜单"Refresh Services"（更新服务），如图 3-37 所示。等到提示更新完成，单击第一个菜单"Bluetooth Services"（蓝牙服务），就可以查看 micro:bit 提供的蓝牙服务了。绿色项代表提供的蓝牙服务，红色项代表未提供的蓝牙服务（这些蓝牙服务可参考前面的说明），如图 3-38 所示。

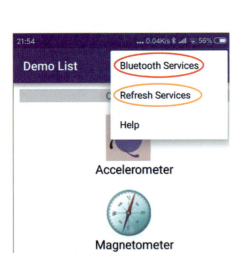

图 3-37 更新蓝牙服务　　　　图 3-38 查看蓝牙服务

3.7.4 加速度测试

Bitty Blue 软件的功能测试第一项就是加速度测试。单击功能列表中的加速度图标 ，就进入了加速度测试。

在加速度测试中，APP 显示了 X、Y、Z 三个方向的加速度数值，同时显示了 X、

第 3 章　移动终端 APP 的应用

Y方向的倾斜角度（PITCH/ROLL）。如果改变 micro:bit 的位置和方向，软件中的图片也会跟随变化，形象地表示了运动的情况，如图 3-39 所示。

图 3-39　加速度测试

3.7.5　磁场服务

Bitty Blue 软件的功能测试第二项是磁场测试，它的功能比较单一，就是显示 X、Y、Z 三个方向的磁场强度。转动 micro:bit 就可以看到数值的实时变化，如图 3-40 所示。

图 3-40　磁场测试

3.7.6 按钮服务

APP 的第 3 个功能是按钮测试，当按下 micro:bit 的按钮 A 或 B 后，APP 中的按钮会从灰色变为绿色。如果按住按钮不放，APP 中按钮显示变为红色，表示按钮长按状态，如图 3-41 和图 3-42 所示。

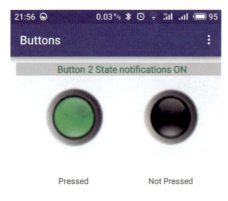

图 3-41　按下按钮　　　　　图 3-42　长按按钮

3.7.7 LED 显示服务

APP 的第 4 项功能是 LED 显示功能测试，可以在 APP 的 5x5 模拟界面上设计图案，或者在下方输入文字，然后发送到 micro:bit 上进行显示。界面中有两个按钮，分别用于发送图案和文字，如图 3-43 所示。

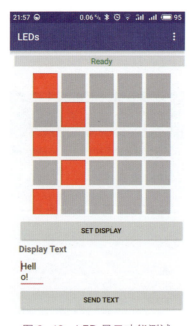

图 3-43　LED 显示功能测试

3.7.8 温度服务

APP 的第 5 项功能是温度显示，可以实时显示出 micro:bit 的摄氏温度，如图 3-44 所示。

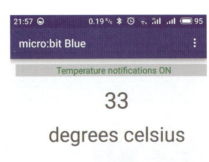

图 3-44　温度显示

3.7.9 IO 服务

IO 测试可以通过 APP 控制 micro:bit 的 IO 状态。APP 中默认功能是控制 P0 的输出，按一下图 3-45 中的按钮，输出就会翻转一次。

图 3-45　IO 控制

3.7.10 设备信息服务

设备信息服务可以提供设备名称、序列号、版本号等信息。使用 micro:bit 默认的出厂程序时，显示的版本号是 1.4.8；如果下载了新版本 MakeCode 程序（V1），显示版本号就会变为 2.1.1-g，如图 3-46 所示。

图 3-46　设备信息

上面介绍了使用 Bitty Blue 软件测试 micro:bit 蓝牙服务的方法，我们也可以在手机上编程，去使用这些蓝牙服务。不过这部分内容已经超出本书的范围，因此不过多介绍。读者若想研究 Bitty Blue，或者学习它的编程方法，可以参考 GitHub 上的源码：

https://GitHub.com/microbit-foundation/microbit-blue

3.8　nRF Connect APP

《micro:bit 硬件指南》一书曾经介绍 micro:bit 的主控芯片是 nRF51822，是 nordic 公司开发的芯片。为了配合开发该芯片的应用，nordic 公司还提供了一些 APP，nRF Connect APP 就是其中一个比较有用的工具，如图 3-47 所示。我们可以用这个 APP 来了解 micro:bit 的信标/广播服务（Advertise）。

第 3 章　移动终端 APP 的应用

图 3-47　nRF Connect APP

我们首先编写一个如图 3-48 所示的信标服务的 MakeCode 程序，并下载到 micro:bit 中。程序中的"蓝牙公布网址"参数可以是任意字符串，但是不能使用中文或者特殊字符。

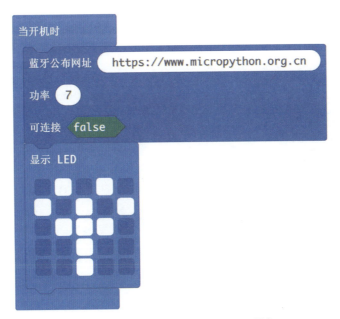

图 3-48　信标服务的 MakeCode 程序

下载程序到 micro:bit 后，就可以在 nRF Connect 的 Eddystone 中看到写入的网址参数了。单击"OPEN"按钮，可调用浏览器进入对应的网址，如图 3-49 所示。

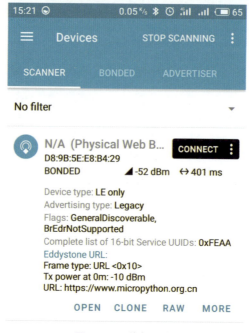

图 3-49 信标服务

Eddystone 是谷歌公司于 2015 年 7 月发布的蓝牙低功耗信标格式，用于在公共场合发送用户信息。另一种更早标准的 iBeacon 是 APPle 公司制订的，开放性和扩展性不如 Eddystone。

蓝牙信标是应用于物联网的功能之一。它们通常由电池供电，向周围发送某种特定信息。智能手机或设备可以接收这些信号，例如装备了信标的公交车站可以发送时刻信息，商店可以推送优惠促销，博物馆可以发送展品信息。

Eddystone 有 4 种类型：

- Eddystone-UID 识别码广播；
- Eddystone-EID 加密广播；
- Eddystone-TLM 信标广播；
- Eddystone-URL 网址广播。

MakeCode 目前支持其中的 Eddystone-UID 和 Eddystone-URL 两种类型。

3.9 micro:bit bitty controller

micro:bit bitty controller 是一个通用的遥控 APP，它可以在手机上模拟游戏手柄，通过蓝牙发送控制命令。如果配合该 APP 在 micro:bit 编写程序，就可以控制小车、机器人等。

3.9.1 控制命令

使用 APP 前，我们需要给 micro:bit 编写一个小程序，这样 APP 才可以和 micro:bit 实现正常的蓝牙通信，并且接受 APP 的指令。图 3-50 的蓝牙遥控命令程序演示了 bitty controller 的基本命令参数。程序添加了一个系统事件，将事件来源设置为 "MES_DPAD_CONTROLLER_ID"，值为 "MICROBIT_EVT_ANY"。最后在事件中读取并显示 "事件值"。这个程序的功能就是显示 APP 发送过来的控制命令。

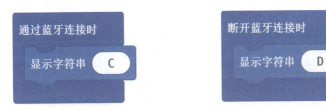

图 3-50 蓝牙遥控命令程序

将上面程序下载到 micro:bit 后运行 APP，首先显示的是如图 3-51 所示的搜索界面。

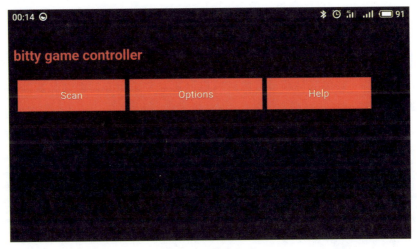

图 3-51 搜索界面

单击第一个按钮"Scan"（搜索），开始搜索 micro:bit，搜索结果会列在按钮下方。再单击搜索出的 micro:bit，就会进入到控制界面。搜索列表和控制界面分别如图 3-52 和图 3-53 所示。

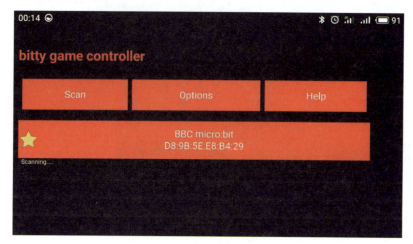

图 3-52 搜索列表

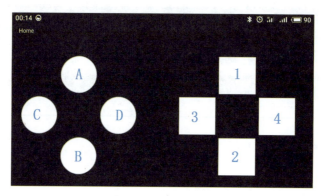

图 3-53 控制界面

控制界面（参见图 3-53）是一个双摇杆的游戏手柄，它有 8 个按钮，每个按钮对应按下和释放两个状态，所以一共可以发送 16 种命令。例如按下 A 按钮时发送命令 1，释放 A 按钮时发送命令 2；按下 B 按钮时发送命令 3，释放 B 按钮时发送命令 4……单击 APP 上的按钮，就会在 micro:bit 上看到显示的命令（数字）。表 3-5 为 micro:bit bitty controller 命令表。

表 3-5 micro:bit bitty controller 命令表

按钮动作	MakeCode 事件值	控制命令
左手柄上钮	MES_DPAD_BUTTON_A_DOWN	1
左手柄上钮	MES_DPAD_BUTTON_A_UP	2

（续表）

按钮动作	MakeCode事件值	控制命令
左手柄下钮	MES_DPAD_BUTTON_B_DOWN	3
左手柄下钮	MES_DPAD_BUTTON_B_UP	4
左手柄左钮	MES_DPAD_BUTTON_C_DOWN	5
左手柄左钮	MES_DPAD_BUTTON_C_UP	6
左手柄右钮	MES_DPAD_BUTTON_D_DOWN	7
左手柄右钮	MES_DPAD_BUTTON_D_UP	8
右手柄上钮	MES_DPAD_BUTTON_1_DOWN	9
右手柄上钮	MES_DPAD_BUTTON_1_UP	10
右手柄下钮	MES_DPAD_BUTTON_2_DOWN	11
右手柄下钮	MES_DPAD_BUTTON_2_UP	12
右手柄左钮	MES_DPAD_BUTTON_3_DOWN	13
右手柄左钮	MES_DPAD_BUTTON_3_UP	14
右手柄右钮	MES_DPAD_BUTTON_4_DOWN	15
右手柄右钮	MES_DPAD_BUTTON_4_UP	16
堪 用	不支持	支 持

更多关于 micro:bit bitty controller 及其控制命令的说明请参考下面网站：

http://www.bittysoftware.com/APPs/bitty_controller.html

3.9.2 蓝牙遥控小车

利用前面介绍的控制命令，可以非常容易地实现蓝牙遥控小车。假设使用 micro:bit 上的 P13、P14 控制小车的左电机，P15、P16 控制小车的右电机。只需要在接收到不同命令后，控制 micro:bit 的引脚输出不同的控制信号，就可以控制小车的运动了。

为了更简洁地描述实现小车控制，下面程序中只包括前进、后退、左转、右转等几个动作（参见图 3-54）。大家可以尝试增加停止、加速、减速等动作，甚至还可以控制小车的灯光、声音等。

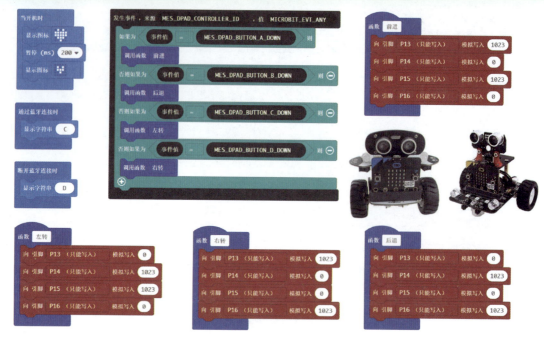

图 3-54　蓝牙遥控小车程序

3.10　串口通信

MakeCode 中提供了串口服务，可以和手机通过蓝牙实现串口通信。不过这里只能使用蓝牙 BLE 方式，而不能使用传统蓝牙（蓝牙 2.0）方式。在使用前，我们需要先安装一个支持蓝牙串口 BLE 的 APP，这里使用了 micro:bit UART 软件。

在进行蓝牙串口通信前，我们先需要在 MakeCode 中编写程序。先在"当开机时"模块中添加"蓝牙 uart 服务"，然后在"通过蓝牙接收数据并遇到"模块中添加读取数据和显示数据功能，这样当 micro:bit 接收到数据后，数据就会在屏幕上滚动显示出来。接收和读取数据需要设定一个特殊字符，用来分隔两个消息，可以选择换行、逗号、冒号、"#"号等，这里选择了"#"号字符。程序中还包括了按钮 A、B 功能，用于从 micro:bit 发送不同数据到 APP。MakeCode 串口通信程序如图 3-55 所示。

将程序下载到 micro:bit 后，就可以进行串口通信了。运行 micro:bit UART，显示图 3-56 所示主界面，单击图中方框处的图标，开始搜索蓝牙设备。

第 3 章　移动终端 APP 的应用

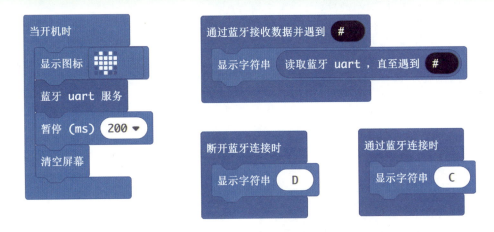

图 3-55　MakeCode 串口通信程序

图 3-56　micro:bit UART 主界面

搜索出来的蓝牙设备会显示在蓝牙设备列表中（参见图 3-57），单击一个设备就可以与它进行联机。

联机成功后，就可以实现和 micro:bit 之间的通信，互相发送数据了。因为在 micro:bit 中设定了使用"#"号作为消息结束标识，所以发送数据最后需要加上 1 个"#"号字符。而 micro:bit 发送的消息，也会在 APP 中显示出来，蓝牙串口通信过程如图 3-58 所示。

图 3-57　蓝牙设备列表

图 3-58　蓝牙串口通信过程

3.11　Droidscript

Droidscript 是一个在安卓系统上使用 Javascript 语言编写应用的 APP 程序，使用它可以快速编写一些小的手机应用，实现多种功能，而不需要了解太多安卓系统编程知识。Droidscript 带有 micro:bit 插件，安装后支持对 micro:bit 进行编程控制。

APP 安装后，Droidscript 编程主界面如图 3-59 所示。

第 3 章 移动终端 APP 的应用

图 3-59 Droidscript 编程主界面

在菜单的"plugins"（插件）功能中，可以找到 micro:bit 插件，单击"Install"安装后，就可以对 micro:bit 进行编程了（参见图 3-60）。

在 APP 的菜单中，选择"New"（新建）就可以创建新程序；主界面中单击一个程序图标，就可以运行这个程序；如果长按程序图标，就会显示菜单，可以选择编辑、改名、复制、删除等操作。

图 3-60 安装插件

可以直接在 APP 中编辑或修改程序代码，编程界面支持语法着色，和其他编辑工具 IDE 类似，如图 3-61 所示。

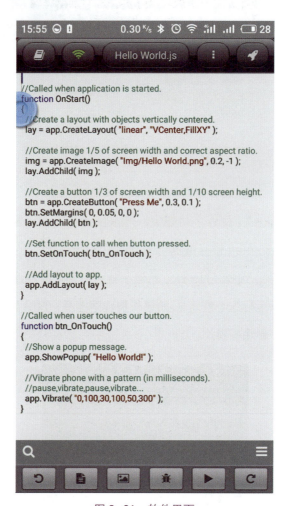

图 3-61　软件界面

3.11.1　远程编程

因为直接在手机、平板电脑上编程时，输入不太方便，效率较低，因此 Droidscript 提供了一个很实用的功能：远程编程。单击 APP 上的 WiFi 图标，就会显示一个"WiFi Connect"（WiFi 连接）提示，里面包含了一个 IP 地址和密码，如图 3-62 所示。

我们在计算机上（计算机和手机、平板需要在同一个路由器下的网络中）的浏览器中输入这个地址，然后根据提示输入密码，就可以在计算机上编写、运行程序了，如图 3-63 所示。

第 3 章 移动终端 APP 的应用

图 3-62 远程编程模式

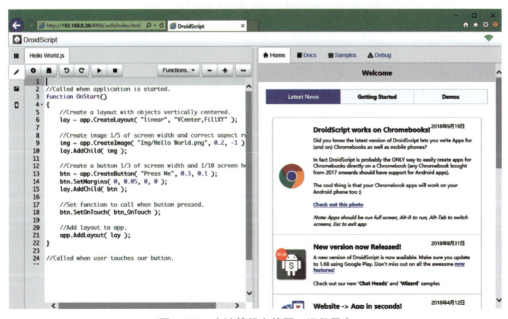

图 3-63 在计算机上编写、运行程序

3.11.2 文档和例程

Droidscript 虽然是使用代码进行编程，但是它的语法简单，使用容易，还有多个例程可以参考，只需要有初步的 Javascript 知识就可以快速开始编程。无须安装各种大型专业开发工具和复杂设置，也无须了解安卓系统底层 API，几行代码就可以实现与 micro:bit 的互动。在 Droidscript 的文档中可以找到多个与 micro:bit 相关的例程，通过这些例程就能够快速学习和掌握使用方法，图 3-64 所示为软件例程。

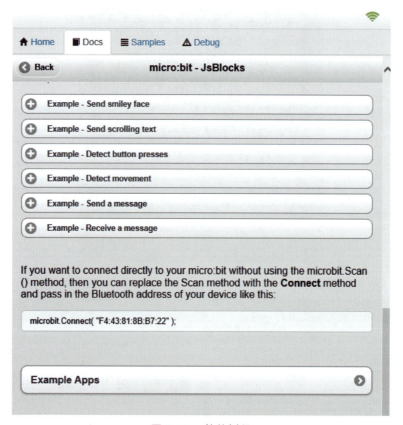

图 3-64 软件例程

Droidscript 支持的功能很多，受到篇幅限制，下面只介绍通过蓝牙串口和 micro:bit 进行通信的方法。MakeCode 编写的蓝牙串口程序请见 3.10 节，这里就不重复说明了。

3.11.3 发送数据到 micro:bit

在 Droidscript 中，新建一个程序，并输入下面代码。注意为了让 micro:bit 可以正确接收并显示消息，在发送的消息最后，需要加上一个 "#" 号（与 MakeCode 程序中一致）。

```
app.LoadPlugin( "MicroBit" );

function OnStart()
{
  lay = APP.CreateLayout( "Linear", "VCenter,FillXY" );
  btn = APP.CreateButton( "Send" );
  btn.SetOnTouch( btn_OnTouch );
  lay.AddChild( btn );
  APP.AddLayout( lay );

  microbit = APP.CreateMicroBit();
  microbit.Scan();
}

function btn_OnTouch()
{
  microbit.Send( "Hi#");
}
```

输入程序并运行后，首先显示出设备搜索功能，显示找到的 micro:bit，如图 3-65 所示。单击搜索到的设备后，就会显示一个发送按钮，单击发送按钮就会发送消息"Hi#"到 micro:bit，micro:bit 接收并显示出来。

图 3-65　搜索 micro:bit

3.11.4 从 micro:bit 接收数据

接收数据和发送数据类似，只是需要设置一个接收数据事件，接收到数据后就进行显示。

```
APP.LoadPlugin( "MicroBit" );

function OnStart()
{
  lay = APP.CreateLayout( "Linear", "VCenter,FillXY" );
  txt = APP.CreateText( "Press a button on your micro:bit" );
  lay.AddChild( txt );
  APP.AddLayout( lay );

  microbit = APP.CreateMicroBit();
  microbit.SetOnConnect( OnConnect );
  microbit.SetOnReceive( OnReceive );
  microbit.SetSplitMode( "End", "#" );
  microbit.Scan();
}

function OnConnect()
{
  APP.ShowPopup( "Connected!" );
}

function OnReceive( data )
{
  txt.SetText( data );
}
```

运行上面程序并和 micro:bit 联机后，按下 micro:bit 的 A 按钮，手机将显示"12345"；按下 B 按钮显示"hello"。如果将这两个程序合在一起，就可以实现 micro:bit 和手机的双向通信了。

3.11.5 micro:bit 插件 API

表 3-6 显示了 Droidscript 中与 micro:bit 相关部分的主要 API（应用程序接口）函数，读者在编写 Droidscript 程序时可作为参考。

表 3-6 API 函数

函　　数	说　　明
this.GetVersion = function()	获取插件版本
this.StartScan = function()	在后台启动 BLE 方式搜索 micro:bit
this.StopScan = function()	停止后台 BLE 搜索
this.Connect = function(address)	使用 BLE 地址联机micro:bit
this.Disconnect = function()	断开 micro:bit 的BLE 联机
this.Send = function(msg)	通过 UART 发送文字数据到 micro:bit
this.SetSplitMode = function(mode,p1,p2)	设置 UART 接收数据的分隔符
this.SetOnReceive = function(callback)	设置接收 UART 数据的回调函数
this.SetOnDevice = function(callback)	设置搜索时设备检测的回调函数
this.SetOnConnect = function(callback)	设置 BLE 成功联机的回调函数
this.SetOnDisconnect = function(callback)	设置 BLE 断开时的回调函数
this.SetOnTemp = function(callback)	设置温度变化的回调函数(仅Espruino)
this.CreateController = function(size)	创建模拟 microbit 控制/图像
this.SetOnButton = function(callback)	设置按钮按下回调函数
this.SetOnMotion = function(callback)	设置加速度变化回调函数
this.Scan = function(address)	显示 micro:bit BLE 搜索框
this.SetLEDs = function(bits)	设置 LED 图案
this.ScrollText = function(text, interval)	发送滚动文字
this.GetImage = function()	获取micro:bit图像

第 4 章　编写 MakeCode 扩展程序

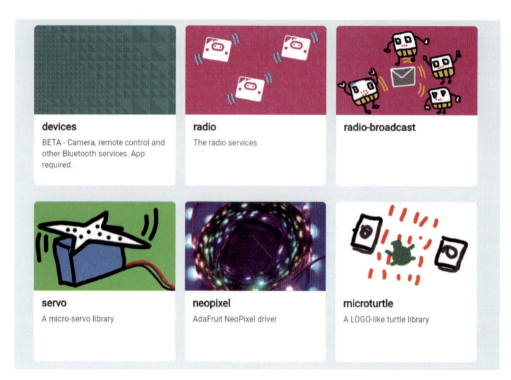

　　MakeCode 的图形化编程方式日益成为众多开源硬件的编程平台的标准，它简洁易用、三维虚拟、扩展便捷的优势让 micro:bit 的编程学习更加生动有趣，小学生都可以快速掌握，更不用说有经验的成年人了。

　　但是对于比较复杂的功能，图形化编程就不够方便，甚至难以实现。此外，对于 MakeCode 没有提供的功能，例如各种外部传感器、液晶等模块的使用，若直接采用图形化方式编程，会非常烦琐和困难，甚至无法完成。

　　为了解决这些问题，支持更多的传感器和设备，以及延伸 MakeCode 的应用范围，微软还为 MakeCode 提供了多种扩展（软件包），通过添加不同的扩展，就可以支持更多的功能。同时 MakeCode 也开放了扩展接口，全世界的爱好者都可以为 MakeCode 编写扩展，将各种硬件、复杂的控制流程、编程算法等封装到扩展中，这样使用起来就非常方便。可以说扩展功能是 MakeCode 的重要的特点之一，它让 MakeCode 的应用范围得到无限的延伸。

第4章 编写 MakeCode 扩展程序

为了帮助大家了解 MakeCode 扩展的结构和形式，引导有能力的读者开发 MakeCode 扩展，下面将详细介绍 MakeCode 扩展的基本开发方法。

4.1 开发准备

MakeCode 的扩展必须使用代码方式开发，无法使用图形化方式开发。而 MakeCode 使用了 Typescript 语言作为开发语言，所以开发者需要对 Typescript 语言有一定的了解。

编写扩展并不需要深入而系统地学习 Typescript 语言，但需要掌握其基本的语法、编程方式、micro:bit 的控制方法等。

Typescript 语言是微软开发的一种开源编程语言，它是 Javascript 的一个超集，有 C 语言基础的读者很容易掌握它。

此外，在 MakeCode 的网站上，提供了几篇重要的英文指导文档，介绍了开发扩展的基本方法。在开发扩展程序前，最好能够仔细阅读一下。

- 定义程序模块：

  https://makecode.com/defining-blocks；

- 扩展开发基本教程：

  https://makecode.com/extensions/getting-started；

- 使用命令行方式开发扩展：

  https://makecode.com/extensions/getting-started/vscode。

目前微软提供的指导文档比较少，只有英文文档，而且比较简略。介绍的开发方法步骤比较多，需要安装 nodejs、git 等多个软件后，用命令行方式创建一个本地 pxt 服务器，然后编写和调试程序。这种方法对一般爱好者来说有些复杂，容易出错，效率也比较低，它更适合专业开发者。

对于大部分 micro:bit 爱好者来说，可以使用更加简单的方法进行开发，只需要使用一个可以运行 MakeCode 的浏览器就能开发扩展程序，而无须安装其他任何软件。这里推荐使用谷歌浏览器 chrome 进行开发，因为它的速度快，兼容性也比较好。安装了各种专用插件的谷歌浏览器本身也是一个强大的开发工具。用 microbit 离线版也可以开发扩展，方法和用浏览器是一样的。

在进行开发之前，还需要申请一个免费的 GitHub 网站账号。因为微软规定 MakeCode 只识别存放在 GitHub 网站上的扩展程序文件，放在其他网站上的文件不能在 MakeCode 中使用。

GitHub 网站：

https://GitHub.com

单击网址右上角的"Sign up"（注册），就可以创建一个账号，注册时需要输入用户名、电子邮箱和密码，最后单击下方绿色的"Create an account"创建按钮，根据提示就可以完成注册（参见图 4-1）。注册过程和一般的网站注册类似，只是界面是英文的。当然，也可以借助浏览器的翻译功能帮助查看。

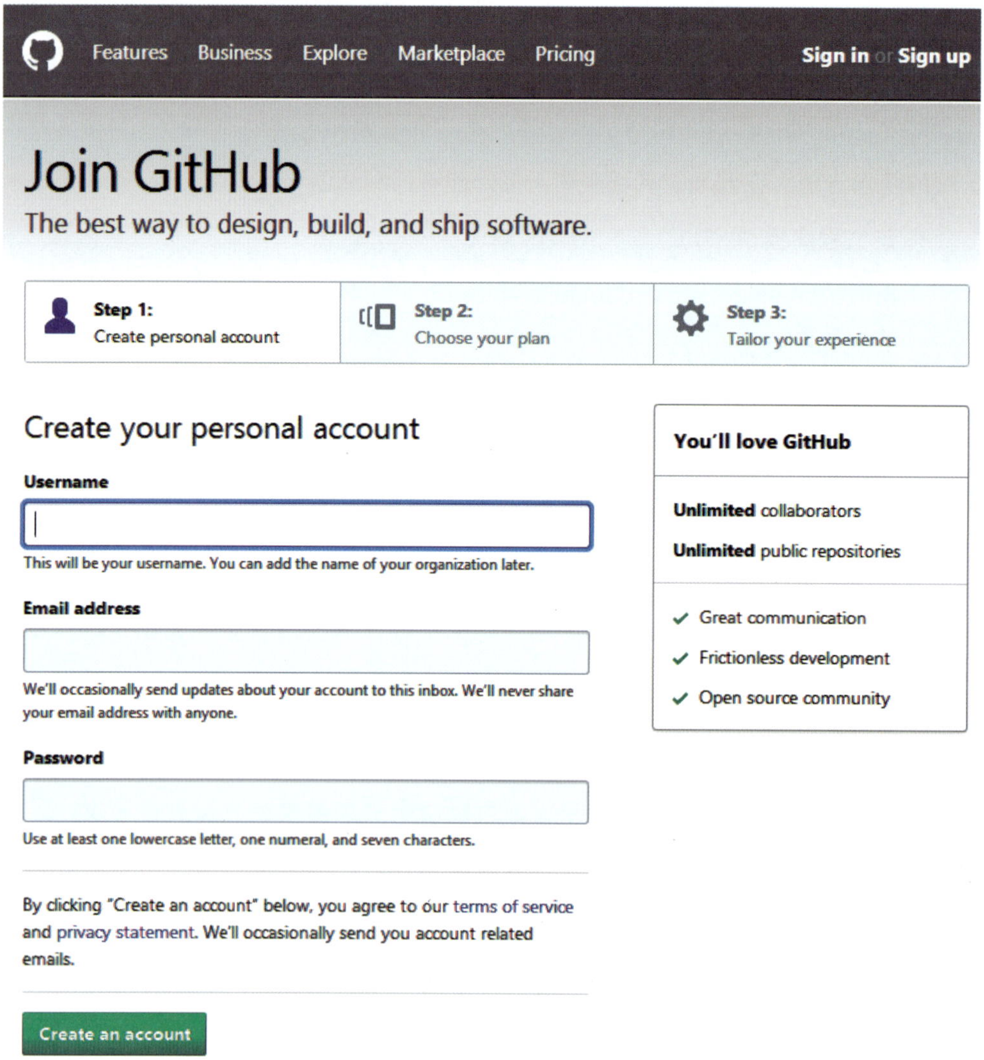

图 4-1　注册 GitHub 账号

第4章 编写 MakeCode 扩展程序

最后还需要安装 git 软件，使用 git 上传代码到 GitHub 网站（https://git-scm.com/）进行项目管理。

因为 git 软件完全使用命令行方式操作，指令非常多，使用比较烦琐。如果不习惯使用命令行方式，还可以安装 GitHub 官方开发的 git 图形界面软件 GitHub Desktop，如图 4-2 所示。它可以非常方便地管理 GitHub 上的项目，而不用学习复杂的 git 命令，网址如下：

https://desktop.GitHub.com/

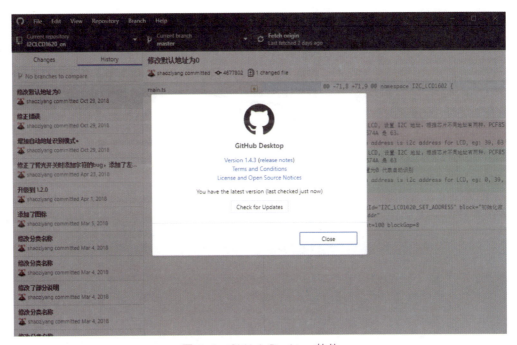

图 4-2　GitHub Desktop 软件

4.2　创建自定义文件

使用 MakeCode 开发扩展程序时，需要先创建一个空白的 MakeCode 程序，并添加自定义文件，用户程序将保存在这个自定义文件中。

首先，在浏览器中打开 MakeCode 编辑器（https://makecode.microbit.org），并新建一个空白项目，如图 4-3 所示。

然后单击屏幕上方中间的"{}JavaScript"标签，切换到代码编程方式，如图 4-4 所示。

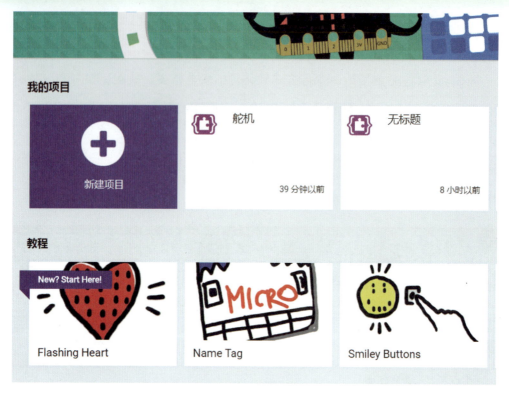

图 4-3 创建新项目

图 4-4 切换到代码编程方式

再单击屏幕左边中间的资源管理器按钮,显示项目文件列表,如图 4-5 所示。

第 4 章 编写 MakeCode 扩展程序

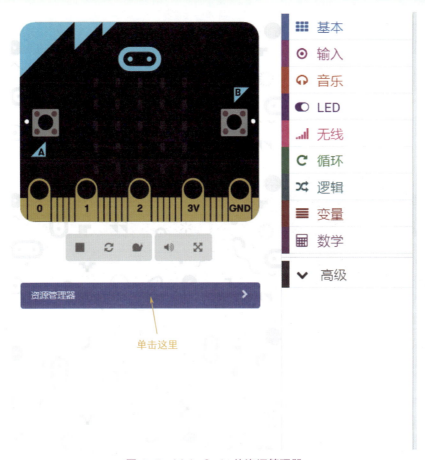

图 4-5 MakeCode 的资源管理器

在展开的文件列表上方,单击加号按钮,添加自定义块文件,如图 4-6 所示。

图 4-6 添加自定义块文件

单击加号按钮后,就会出现一个提示框,如图 4-7 所示,确认添加自定义块文件。

图 4-7　确认添加自定义块文件

确认后，系统就会自动添加一个名为 custom.ts 的文件，里面包含了默认的代码模板文件，同时编程模块分类中也多出了一个绿色的"Custom"分类（参见图 4-8）。单击左边资源管理器中"custom.ts"文件名，就可以打开这个文件。这个文件包含了最基本的扩展模板和框架，通过查看默认的程序模板以及前面给出的微软参考文档，就能够学习到扩展的最基本编程方法。修改 custom.ts 文件，可以添加自己的功能。

图 4-8　系统默认代码模板文件

第 4 章 编写 MakeCode 扩展程序

4.3 模板文件

默认 custom.ts 文件的内容就是一个最简单的模板，它会在图形化编程界面中添加如图 4-9 所示的两个编程模块。这两个编程模块内部没有包含任何功能，只是用来演示创建用户扩展模块的方法。

图 4-9 默认模板文件的编程模块

打开 custom.ts 文件，可以看到下面内容：

```
/**
 * 说明
 */

//% weight=100 color=#0fbc11 icon="\uf017" block=" 分类名称 "
namespace custom {
    let var1 = 0x12;

    function usr1(): void {
        // Add code here
    }

    export function foo(n: number, s: string, e: MyEnum): void {
        // Add code here
    }
```

该文件首先是命名空间，它由关键字 namespace 开始，后面是命令空间的名

称，名称需要符合 Typescript 的命名规则，并且不能使用中文等特殊符号。这个名称并不是显示在编程模块分类的名称，而是程序中代码使用的名称。

命名空间名称后面是由大括号括起来的代码，里面由变量、内部函数、编程模块函数等组成，这部分在后面将详细介绍。

在关键字 namespace 之前，通常会加一段注释，说明这段代码的功能，方便以后查看和修改。注释后面还有单独一行以双斜杠加百分号 "//%" 开头的代码，这一行很关键，它声明了用户扩展分类的位置、颜色、图标、名称等重要参数。以 "//%" 开头的行代表了特殊定义，它有多种用法，后面将详细说明。

```
//% weight=100 color=#0fbc11 icon="\uf017" block=" 分类名称 "
```

各参数的功能是：

- weight，定义分类在列表中的位置；
- color，编程模块的颜色；
- icon，编程模块的图标；
- block，编程模块分类的名称。

修改了参数后，我们可以再切换回图形编程方式查看效果，测试编程模块功能。有时修改参数后界面没有发生变化，这通常是由浏览器的缓存引起的，只需要刷新一下浏览器，就能使变化生效。

如果将 namespace 的名称定义为和系统编程模块的一样，比如定义为 basic（基本分类编程模块），就会将自定义的编程模块加入系统编程模块分类中。

例如，下面定义将产生如图 4-10 所示的效果。

```
//% weight=100 color=#FF0000 icon="\uf017" block=" 自定义 "
namespace basic {

    ……

    ……
```

一般情况下不这样做，因为这容易造成混淆。

一个软件包中可以有多个程序文件，每个程序文件中可以定义多个编程模块和多个分类。只是一般情况下，一个程序文件只包含一个分类，这样避免了定义混乱而更方便维护。

第4章 编写MakeCode扩展程序

图 4-10 设置为系统编程分类

4.4 定义分类位置

weight（重量）定义代表了编程模块在分类列表中的位置，数字越大，也就是重量越大，它在分类列表显示中位置越靠上（这有点特别，因为习惯上认为重量大的在下面）。通常数字范围是 0～200，默认数字是 100，而系统编程模块的重量主要是 100 和 50 两个值。

例如，如果我们设置 weight 为大于 100 的数字，它就会显示在第一个；如果设置为小于 50，就会出现在最后。图 4-11 中文件设置的 weight 为 40，因此该文件在分类列表中显示在最下面位置（习惯上，为了突出系统模块，用户扩展的位置不要放在第一个）。

如果修改了 weight 参数，切换回图形编程方式后位置没有发生变化，可以刷新一下浏览器再查看显示结果。

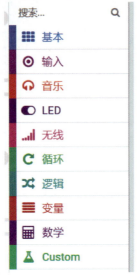

图 4-11　设置分类位置

4.5　定义颜色

color 参数可以设置编程模块的颜色。MakeCode 使用了不同的颜色区分不同类别的编程模块，不但直观，也方便区分不同的功能。颜色的定义使用了标准的 RGB 格式（#RRGGBB），以"#"号开始，后面跟随 6 个十六进制数字，分别表示红色（RR）、绿色（GG）、蓝色（BB）。颜色也可以用十进制数字表示（数字前面不加"#"号的代表十进制），但是没有十六进制表示直观。表 4-1 是常用颜色与数字对应表。

表 4-1　常用颜色与数字对应表

颜色代码	颜色
#000000	黑　色
#FFFF00	黄　色
#FF8000	橙　色
#C0C0C0	银　色
#FF0000	红　色
#00FF00	绿　色
#008000	深绿色
#0000FF	蓝　色
#0000A0	深蓝色
#800080	紫　色
#FFFFFF	白　色

第4章 编写 MakeCode 扩展程序

4.6 定义图标

每个编程模块前有一个小图标（icon），它用来直观表示编程模块的功能，也可以区分颜色相近的编程模块。MakeCode 的图标使用了 Font Awesome 矢量图标集（参见图 4-12），每个图标用一个 Unicode 字符串表示。Font Awesome 图标集可以在下面网站查看：

http://fontawesome.io/icons

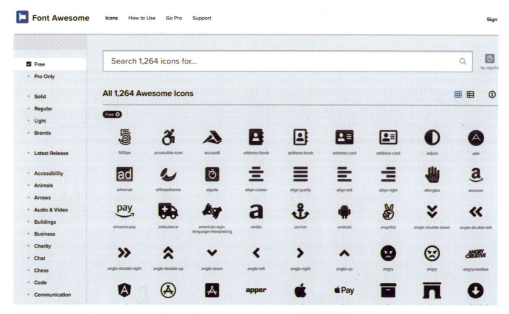

图 4-12　Font Awesome 矢量图标集

先查找合适的图标，找到后单击图标，查看图标的详细内容。特别是需要记下图标的编号，它将在程序中用到。

图标编号是由一个以"\u"开始的字符串表示，后面跟随 4 个 Unicode 字母，这 4 个字母就是前面图标的编号。

例如，图 4-13 中显示的天秤图标的编号是"f24e"，程序代码就是"\uf24e"。而默认模板显示的烧瓶图标编号是"f0c3"，程序代码是"\uf0c3"，如图 4-14 所示。

将图标的编号改为"f24e"后，再切换到图形编程方式，就可以看到图标已经变化为天秤了，如图 4-15 所示。

图 4-13 天秤图标

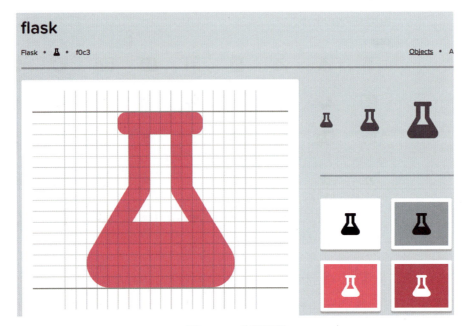

图 4-14 烧瓶图标

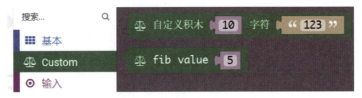

图 4-15 天秤图标的显示效果

- 部分图标是收费图标因而不能使用,否则会显示为乱码或方块等。
- 有时需要刷新浏览器,新的图标才会显示出来。

第4章 编写MakeCode扩展程序

4.7 定义分类名称

编程模块的分类名称是通过block参数定义的,它可以是任何字符,包括中文。

例如将block参数设置为"自定义",切换回图形方式后,分类中就会多出一个名叫"自定义"的编程模块(参见图4-16)。

```
//% weight=100 color=#008000 icon="\uf017" block=" 自定义 "
```

图4-16 定义分类名称

4.8 编程模块函数的形式

在MakeCode中,编程模块是通过函数的方式进行定义的。每个编程模块都对应一个函数,函数的形式通常如下所示。

```
/**
 * 函数说明
 * @param n 参数描述, eg: 10
 * @param s 参数描述, eg: "123"
 */
//% blockId="foo" block=" 自定义积木 %n|%s"
//% weight=60 blockGap=8
//% n.min=0 n.max=99
export function foo(n: number, s: string): void {
    // Add code here
}
```

如果一个函数的前面有 export 声明，代表这是一个编程模块函数，它将显示在图形界面上。如果没有 export 声明，那么这个函数就是一个普通函数。普通函数只能用于代码内部，不能用于图形编程。

4.9 参数默认值

在函数的代码前，一般是一段以 /* */ 方式表示的注释，它说明了函数的功能，同时也定义了参数的默认值。

注释中定义参数默认值的地方比较特殊，它前面有一个特殊的标识字符串"@param"，后面一个空格，紧接着是变量名（变量名和函数参数中的变量名是对应的），变量名后面是变量的说明，通常是一小段文字。在这后面又是一个特殊的标识字符串"eg:"，它的后面是变量的默认值。

下面定义是将函数中变量 *n* 的默认值设置为 10，显示效果如图 4-17 所示。

```
* @param n 参数描述，eg: 10
```

图 4-17　定义参数默认值

注意，逗号、冒号是英文半角符号，并且后面带有空格，默认参数的类型需要符合函数中的设置。

定义参数默认值还有另外一种方式（这种方法可能更好），即在"//%"后用变量名加上".defl="方式进行定义。它的用法如下：

```
//% n.defl=10
```

注意，等号两边不能有空格。

4.10 设置参数范围

有时我们希望限制一个参数的大小，避免因超出范围造成运行错误。这可以通过下面方法定义。

设置参数范围的方法和设置默认值类似，在变量名后加上".min"和".max"

第 4 章 编写 MakeCode 扩展程序

声明并设置对应的数值,分别对应最小值和最大值(注意等号的两边同样不能有空格)。如果有多个变量需要设置范围,每个变量都需要单独设置一次。

例如,下面将变量 n 的参数范围设置为 0 ~ 99。

```
//% n.min=0 n.max=99
```

设置后,在图形化编程界面中,如果我们单击一下变量 n 的输入框,就会显示一个滑条,拖动滑条就可以让参数在最大值和最小值之间变化(参见图 4-18)。

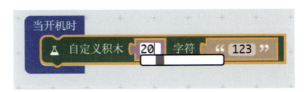

图 4-18 设置参数范围

4.11 自动创建变量

在创建函数时,有时会需要设置一个变量作为函数参数。在默认情况下,编程模块中参数的位置是一个空白,使用者可以拖动变量到这里。

例如,下面的程序产生如图 4-19 所示的效果。

```
//% block="load background picture %dat"
//% weight=120
export function load_background(dat: number[]): void {
}
```

图 4-19 函数默认的空白参数

使用这样的编程模块,在编程时需要先定义一个变量,然后将变量拖放进去。这样的方法容易造成误解,增加编程出错的可能,比如使用了错误的变量类型;还会增加编程的步骤,必须单独定义一个变量。如果在创建函数时,能自动产生一个变量,就可以解决这个问题,也方便用户编程。

方法是通过在定义参数时增加 variables_get(var) 说明,括号中的"var"就是自动创建的变量名,这里可以使用任意字符串。

例如,自动创建变量作为参数,为前面的函数定义增加如下变量说明后的效果，如图 4-20 所示。

```
//% block="load background picture %dat=variables_get(BG)"
//% weight=120
export function load_background(dat: number[]): void {
}
```

图 4-20　自动创建变量作为参数

4.12　编程模块名称

前面介绍了定义 namespace 分类的显示名称，同样还可以定义编程模块的显示名称。定义分类名称是在 namespace 前，而定义编程模块名称是在函数前。

方法如下，效果如图 4-21 所示。

```
//% blockID="block_foo" block="自定义模块，参数 %n 个，| 名称 %s"
export function foo(n: number, s: string): void {
// Add code here
}
```

首先是双斜杠加百分号的特殊标识符"//%"，"blockID"代表了一个编程模块的 ID，它是一个和其他函数的 blockID 不同的字符串，但并不是函数名（通常这个定义也可以省略）。"block"是编程模块的名称和函数的参数。每个参数前面有"%"，代表它是函数的一个变量。注意，参数部分不能省略，否则图形化模块中将不会显示参数。

图 4-21　自定义模块名称

- 变量名需要与函数中一致；
- 变量参数的顺序也需要与函数中一致；
- 多个变量之间用竖线"|"分隔开；

第 4 章 编写 MakeCode 扩展程序

- 变量前后可以加文字，让编程模块更容易辨识。

4.13 编程模块的显示顺序

一个用户的扩展包中可能包含了多个编程模块，如果没有特别定义，它们将按照字母顺序排列，而不是按照定义顺序排列。这样可能造成显示顺序不是期望的方式，从而带来不便。

定义编程模块显示顺序的方法和前面定义编程模块分类时的方法一样，使用"weight"关键字，只不过这个定义放在函数前面。

```
//% weight=60 blockGap=8
```

"weight"的含义和前面编程模块分类相同，数值越大的编程模块越排列在上面，"weight"的作用范围在"namespace"内部。"weight"后面的"blockGap"参数代表了编程模块之间的间隙大小，一般无须修改，只有在特殊情况才会改变。

4.14 参数不换行

在设置编程模块时，如果模块包含的文字和参数较多，默认情况下显示内容会自动换行。这样有时会造成显示位置错乱，不美观。

例如，下面定义的显示界面为默认参数显示，如图 4-22 所示。

```
//% block="n %n|message %s|e %e|value %v1|%v2"
export function foo(n: number, s: string, e: MyEnum, v1: number, v2: number): void {
    // Add code here
}
```

图 4-22　默认参数显示

我们可以在设置中加入下面定义，强制编程模块中所有内容在一行中显示：

```
//% inlineInputMode=inline
```

对于前面的编程模块设置，在增加 inline 定义后，参数不换行显示效果如图 4-23 所示，比图 4-22 好一些。

```
//% block="n %n|message %s|e %e|value %v1|%v2"
//% inlineInputMode=inline
export function foon(n: number, s: string, e: MyEnum, v1: number, v2: number): void {
    // Add code here
}
```

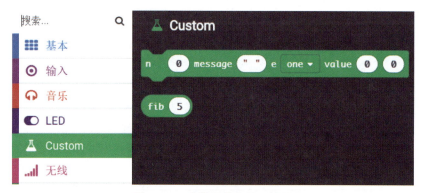

图 4-23　参数不换行显示效果

4.15　分页显示

有时一个扩展中包含了多个编程模块，使用时需要频繁拖动滑条才能找到需要的模块，很不方便。这时可以将这些编程模块分页显示，重要或者常用的功能放在第一页（默认）显示，不太重要或不常用的功能放在第二页显示。

例如系统的"输入"分类中就使用了分页显示功能，常用的功能放在第一页，不常用的功能需要通过"…more"（更多）按钮才能查看（参见图 4-24）。

如果需要在扩展中使用分页显示功能，只要在函数前加上下面定义：

```
advanced=true
```

使用了这个定义的编程模块就会自动在第二页显示。这个定义可以单独放在一行，也可以放在其他定义后面，例如：

第 4 章 编写 MakeCode 扩展程序

```
//% advanced=true
```

或者

```
//% block="user" advanced=true
```

图 4-24 分页显示功能

4.16 定义事件

除了系统事件模块外，MakeCode 中还有专门事件模块。在一定条件被满足时，就会触发事件，然后执行事件中的功能，如"当按钮被按下时"、"当振动"等。使用事件模块可以让程序流程清晰，简化编程。

也可以定义自己的事件模块。事件是一个特殊函数，和普通函数相比，事件增加了一个特殊的参数 body()，它的名称不能改变，代表事件触发后将要执行时的用户功能。一个完整的事件定义形式如下：

```
//% block="MyEvent"
export function myevent(body: () => void): void {
    control.inBackground(function () {
        while (true) {
            if(满足条件){
                body()
            }
            basic.pause(100)
        }
    })
}
```

定义用户事件模块的样式如图 4-25 所示。

图 4-25　定义用户事件

事件也能够带有参数，如图 4-26 所示，参数的形式和普通函数的参数相同，如下：

```
//% block="MyEvent %n %s %e"
export function myevent(n: number, s: string, e: MyEnum, body: () => void): void {
}
```

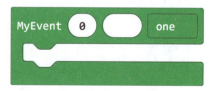

图 4-26　事件的参数

第4章 编写MakeCode扩展程序

从前面的事件定义也可以看出，事件和普通函数略有区别，通常需要为事件增加一个在后台运行的功能，然后定时检查是否满足触发条件，如果满足条件，就执行body()部分。从这里也可以看出，事件就是一个特殊的后台任务。

4.17 编写代码和功能测试

前面介绍了编写扩展的基本结构和定义。在定义好了命名空间（namespace）和编程模块函数后，就是编写代码，完成扩展的各种功能了。不同扩展的功能是不一样的，实现的方式也各有差异，因此函数代码也各不相同，无法统一介绍，需要根据实际情况进行编写。下面显示了"WhaleySans Font"扩展的完整源码，供大家参考。

```
//% weight=100 color=#cc1280 icon="F" block="WhaleySans Font"
namespace whaleysans {
    let FONT = [
    [1, 1, 1, 1, 1, 1, 1, 1, 1, 1],
    [0, 1, 0, 1, 0, 1, 0, 1, 0, 1],
    [1, 1, 0, 1, 1, 1, 1, 0, 1, 1],
    [1, 1, 0, 1, 1, 1, 0, 1, 1, 1],
    [1, 0, 1, 0, 1, 1, 0, 1, 0, 1],
    [1, 1, 1, 0, 1, 1, 0, 1, 1, 1],
    [1, 1, 1, 0, 1, 1, 1, 1, 1, 1],
    [1, 1, 0, 1, 0, 1, 1, 0, 1, 1],
    [1, 1, 1, 1, 0, 0, 1, 1, 1, 1],
    [1, 1, 1, 1, 1, 1, 0, 1, 1, 1]
    ]

    let img: Image = null
    img = images.createImage(`
    . . . . .
    . . . . .
    . . . . .
    . . . . .
    . . . . .
    `)
```

```
/**
 * show a number
 * @param dat is number will be show, eg: 10
 */
//% blockId="show_whaleysans_number" block="show a whaleysans number %dat"
//% dat.min=0 dat.max=99
export function showNumber(dat: number): void {
if(dat<0)
dat=0;
let a = FONT[Math.idiv(dat, 10) % 10];
let b = FONT[dat % 10];
for (let i = 0; i < 5; i++) {
img.setPixel(0, i, 1 == a[i * 2])
img.setPixel(1, i, 1 == a[i * 2 + 1])
img.setPixel(3, i, 1 == b[i * 2])
img.setPixel(4, i, 1 == b[i * 2 + 1])
}
img.showImage(0, 10);
}
}
```

完成了扩展程序代码的编写，并不代表完成了扩展开发。代码写出来后，可能存在各种问题，需要通过测试、验证功能和查找错误，经过反复的测试和修改，最后成为一个稳定而优秀的扩展程序。

MakeCode 的扩展都是开源的，读者可以多参考其他扩展的代码，学习编程方法和应用技巧。

下面是 micro:bit/microPython 中文社区创建的 MakeCode 扩展仓库，其中包含了多个扩展（大部分扩展已经加入到 MakeCode 官方扩展中了），读者可以参考。

社区扩展仓库网址：

https://GitHub.com/MakeCode-extensions/

4.18 扩展中的其他文件

主程序编写完成后，还需要编写扩展程序的说明文件和描述文件、演示程序

第 4 章 编写 MakeCode 扩展程序

等，才能在 MakeCode 中使用。一个完整的扩展软件包必须包含如下文件，否则在 MakeCode 中将无法搜索获得或者无法使用这个扩展：

- pxt.json，扩展程序的描述文件。
- main.ts，主程序文件。

  它是我们前面编写的 custom.js 文件。将 custom.js 的全部内容复制到一个新文件，并保存为 main.ts 就可以了（程序也可以使用其他文件名，需要在 pxt.json 中对应修改）。

- test.ts，配合软件包的演示程序。

  扩展中可以不包含 test.ts 文件，它的作用是帮助其他人正确使用这个扩展程序。

- LICENSE，扩展程序的授权文件。

  MakeCode 的软件包通常需要使用 MIT 授权，这个文件可以在创建 GitHub 项目时自动产生，也可以从标准模板中复制过来。

- README.md，程序的说明文件。

  可以帮助其他人了解扩展程序的功能，它需要使用 markdown 语法进行编写。在可能的情况下，需要仔细编写 README.md 文件，并适当配图。

一个优秀的开源项目，必须有一个优质的说明文档，这样才能有效地帮助其他人使用，以及方便今后的维护和改进。

在扩展文件中，尤其重要的是 pxt.json 文件，它描述了扩展程序的名称、说明、版本、依赖关系、包含文件等。pxt.json 文件使用标准的 json 格式，各字段有严格的要求，不能随意增减。我们以 BME280 数字温湿度、气压传感器扩展的说明文件为例进行讲解。

```
{
    "name": "BME280",
    "version": "1.1.0",
    "description": "MakeCode BME280 数字温湿度、气压传感器 micro:bit 软件包",
    "license": "MIT",
    "dependencies": {
        "core": "*"
    },
```

```
    "files": [
        "README.md",
        "main.ts"
    ],
    "testFiles": [
        "test.ts"
    ],
    "public": true
}
```

这个文件主要包括下面几个关键说明字段：

- "name"，扩展程序的名称；
- "version"，扩展程序的版本；
- "description"，扩展程序的说明；
- "license"，授权类型，需要声明为 MIT 类型；
- "dependencies"，依赖关系；
- "files"，代表扩展主要包含的文件；
- "public"，是否为公开的文件，需要声明为 true。

扩展说明文件 pxt.json 中最主要的就是前面 3 个字段，需要根据实际情况填写，其他部分可以不用修改。修改文件内容时，冒号前面的英文单词不能修改，只能修改冒号后面的说明。此外只有 "description" 部分可以使用中文，其他部分都不能使用中文。

此外在文件 README.md 中，必须包含下面一段文字（位置不限，但通常会放在文件的末尾）：

```
## Supported targets

* for PXT/micro:bit
```

此段文字代表这个扩展程序可以支持 MakeCode 和 micro:bit，如果没有这段文字，扩展程序将不会被 MakeCode 搜索到。

此外，一些扩展中还包括了图标文件 icon.png、多国语言文件、模拟运行的 svg 图像文件等额外的文件，这些文件不是必需的，再加上目前 MakeCode 软件还

第 4 章 编写 MakeCode 扩展程序

在不断调整功能和升级，因此这些功能暂且不做说明，留作以后专门介绍。

我们还需要知道：

- 只有当用户扩展被 micro:bit 官方认可后，才能通过名称搜索，显示扩展图标（icon.png）并显示模拟运行效果；
- 这里所有的文本文件和代码文件都需要使用 UTF-8 编码，否则中文和特殊字符会显示为乱码；
- 全部文件需要保存在同一个文件夹或者子文件夹中。

4.19 创建项目并上传代码

编写好的扩展程序需要放在 GitHub 上，才能被其他人使用。在上传代码前，需要先在 GitHub 上创建一个新的项目。使用预先注册的 GitHub 账号登录，就可以创建一个新的项目。创建项目时应注意选择 MIT 授权方式，这样才能在 MakeCode 中使用，并且注意名称不能使用中文，如图 4-27 所示。

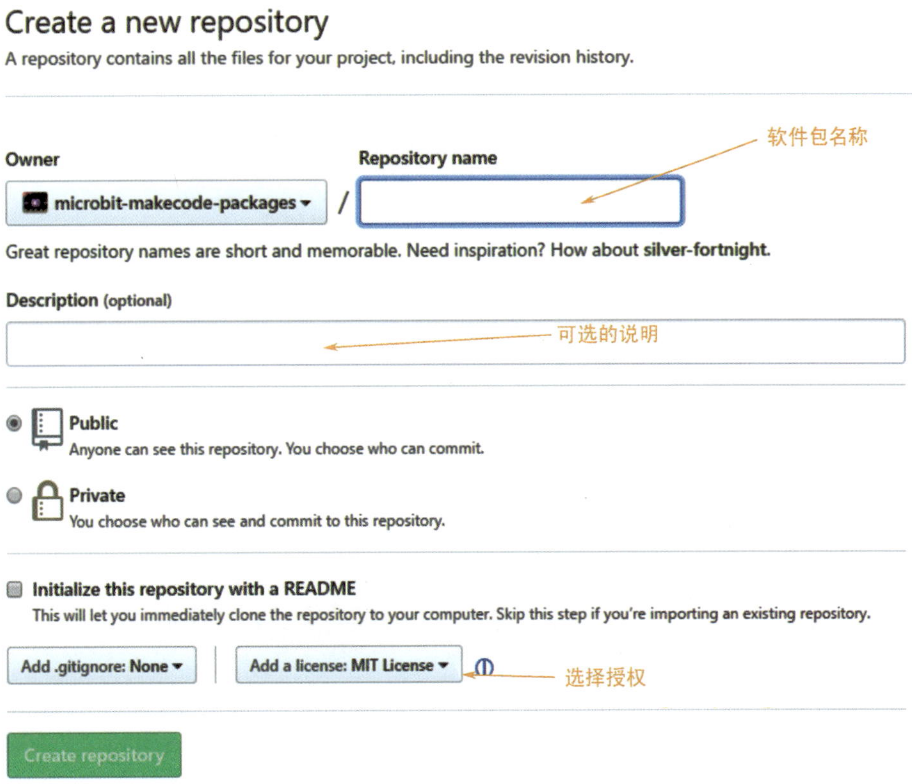

图 4-27 在 GitHub 上创建新项目

创建项目后，就可以通过 git 软件将它克隆到计算机中，方便进行修改和管理。

```
git clone https://GitHub.com/USERNAME/PROJECTNAME
```

其中 USERNAME 就是 GitHub 上的用户名或者团队名，PROJECTNAME 是创建的项目名。例如，对于 micro:bit 中文社区开发的 BME280 扩展，它完整的 GitHub 克隆命令是：

```
git clone https://GitHub.com/MakeCode-extensions/BME280
```

如果不习惯使用 git 命令行，可以使用 GitHub 官方的图形化软件 GitHub Desktop，它能够和 GitHub 无缝衔接，用图形化方式下载和上传文件（对于熟悉 git 软件的读者不需要再重复介绍，下面仅以 GitHub Desktop 为例进行说明）。图 4-28 显示了使用 GitHub Desktop 软件的项目管理界面。

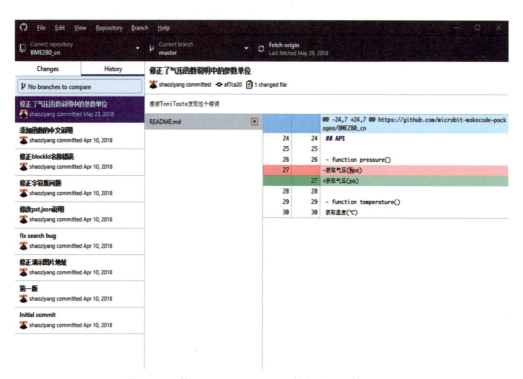

图 4-28　使用 GitHub Desktop 软件的项目管理界面

将 GitHub 上的项目克隆到计算机后，就可以编写前面提到的软件包中各种文件。将编写完成的文件复制到 git 的项目文件夹中，再运行 GitHub Desktop，就会发现更改的文件已经在界面左边列出。我们需要先填写文件更改原因，然后提交（Commit to master）文件到仓库中，如图 4-29 所示。

第 4 章　编写 MakeCode 扩展程序

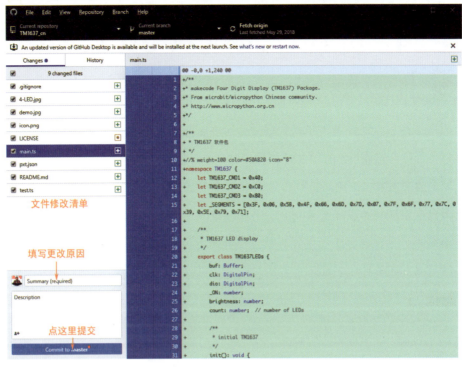

图 4-29　提交文件

提交更改的文件后，就可以将程序推送（上传）到 GitHub 服务器了，如图 4-30 所示。

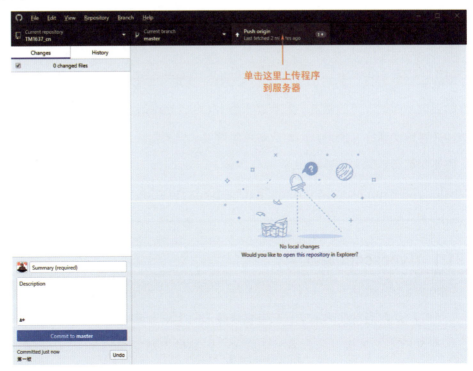

图 4-30　上传程序到 GitHub

程序上传后，立即就可以在 GitHub 上看到更新，但是在 MakeCode 中使用通常需要数分钟。

4.20　测试扩展程序

程序上传后，还要测试扩展程序是否可以在 MakeCode 中正常使用，功能是否正常，是否存在错误等。在添加扩展程序时，添加用户扩展的方法和添加官方扩展一样，只是要在搜索栏中填写扩展在 GitHub 上的完整地址。

单击搜索按钮（参见图 4-31），并单击搜索到的程序，将它添加到 MakeCode 中。再编写一个小程序进行测试，看能不能正常运行，如果运行正常，没有发现错误，就可以发布软件包，让全世界的爱好者都可以使用它。

图 4-31　测试添加用户扩展

4.21　变量和函数命名原则

MakeCode 官方团队给出了一个扩展程序中变量和函数的命名原则。这不是强制性的要求，而是规范的做法，它有助于使 MakeCode 编辑器中的模块和函数保持一致，并容易让其他人使用，因此应尽可能遵循这些原则。

完整的英文参考文档链接如下：

https://GitHub.com/Microsoft/pxt/blob/master/docs/extensions/naming-conventions.md

4.21.1　Typescript 原则

Typescript 原则：

- API 和函数通常使用英文，只有模块显示的字符串可被翻译为其他文字。
- 命名空间、函数、函数参数、方法、域都使用骆驼拼写法（Camel Case，单词首字母大写），而类、枚举、枚举成员的字母均为大写。例如：

第4章 编写 MakeCode 扩展程序

```
namespace myNamespace {
    export function myFunction(myParameter: number) {


    }


    export class MyClass {
        myField: number;

        myMethod() {


        }
    }


    export enum MyEnum {
        MyEnumMember
    }
}
```

- 不要对属性使用"get"（返回参数或属性），如下面函数中，不要使用 getTemperature()。

```
// not "get temperature"!
export function temperature() {
    ....
}
```

- 将所有代码放在命名空间下以避免名称冲突。枚举可以保留在全局命名空间中，名称中包含正确的前缀。

```
 export enum UniquePrefixMyEnum {


}
namespace myNamespace {
    ...
}
```

- 使用完全拼写单词而不是使用首字母的缩略词。这样虽然名称较长，但助于传达 API 的含义。

```
// long but self-explanatory
export function doSomethingAwesome() { } // not clear
export function dSA() {

}
```

4.21.2 函数命令原则

函数命令原则：

- 除非使用了首字母缩略词，否则应使用小写方式，而不要用大写方式。

```
//% block="foo" export function foo() {

}
```

- 使用英文编写，并为其他语言环境提供本地化。

第 5 章 应用技巧

5.1 使用安卓手机或平板电脑下载程序

现在大部分安卓系统的手机和平板电脑都带有 USB OTG 功能,因此,我们可以通过手机的 USB 对 micro:bit 进行编程应用。

OTG 是 On-The-Go 的缩写,2001 年 12 月 18 日由 USB Implementers Forum 公布,2014 年左右开始在市场普及。OTG 主要用于 Pad、移动电话、消费类设备等各种不同设备或移动设备间的连接,并进行数据交换,使数码照相机、摄像机、打印机等设备间多种不同制式连接器,以及多达 7 种制式的存储卡间数据交换更便捷。

5.1.1 准备工作

首先,需要准备一根 USB OTG 转换线,或一个 USB OTG 转接头,如图 5–1 所示,这样就可以将 micro:bit 通过 USB OTG 连接到移动终端(手机或平板电脑)了。

其次,软件需要在安卓系统手机或平板电脑上安装新版本的 chrome 浏览器,软件版本至少大于 67(可以在"关于 Chrome"中查看软件的版本,参见图 5–2)。

图 5–1 USB OTG 转换线 / 转接头　　　　图 5–2 安卓版的谷歌浏览器

此外,还需要升级 micro:bit 上 DAPLink 的固件,固件版本要大于 0246,micro:bit 才能支持 webusb 功能。升级固件的方法请参考《micro:bit 硬件指南》或官方的固件升级说明文件。

官方的固件升级说明文件链接：

https://makecode.microbit.org/device/usb/webusb/troubleshoot

5.1.2　Python 中 webusb 应用

完成准备工作后，我们就可以通过手机的谷歌浏览器 chrome 进行编程了。

首先，介绍 Python 的使用方法，在 Chrome 浏览器中打开 PythonEditor（https://microPython.top/）中文版，编写程序代码，如图 5-3 所示。

图 5-3　PythonEditor 编程

编写好代码（或者使用图形化编程）后，单击"烧录"按钮，出现设备连接提示。选择"DAPLink CMSIS-DAP"后，"连接"按钮从灰色变成蓝色可操作状态，如图 5-4 所示。

单击"连接"按钮，自动开始下载程序（参见图 5-5）。第一次下载时间约数十秒（比 PC 稍慢一些），以后就会快很多。程序下载完毕后自动开始运行程序，无须手动按复位按钮。程序下载完毕后（这时 micro:bit 固件中才有 Python 系统），如果单击"打开 REPL"，还可以进入在线 REPL 模式，进行代码底层调试。

图 5-4 连接 DAPLink

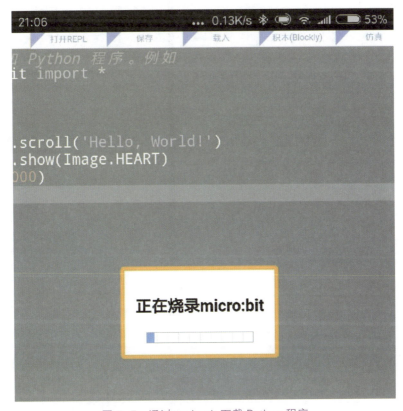

图 5-5 通过 webusb 下载 Python 程序

5.1.3 MakeCode 中 webusb 应用

在 MakeCode 中，同样可以使用 webusb 功能。首先，使用手机或平板电脑的谷歌浏览器打开 MakeCode 网站（https://MakeCode.microbit.org/）。然后在编程界面的右上角单击一下齿轮图标，在弹出的菜单中选择"设备配对"（参见图 5-6）。

单击设备配对菜单后，会出现类似图 5-4 中的设备选择画面，选择并连接设备后，出现配对说明界面。单击界面右下角的"设备配对"按钮，完成设备配对功能（参见图 5-7）。

图 5-6　设备配对菜单

图 5-7　设备配对

设备配对后，通常还会出现一个访问权限提示，需要允许浏览器访问 USB 设备才能使用 MakeCode 进行编程，如图 5-8 所示。

如果上述步骤操作正确，就会提示完成设备配对，可以开始下载程序了，如图 5-9 所示。

编写程序，再单击界面左下角的下载图标（参见图 5-9）就可以通过 webusb 下载程序了，下载过程如图 5-10 所示。

第 5 章 应用技巧

图 5-8 允许 USB 访问权限

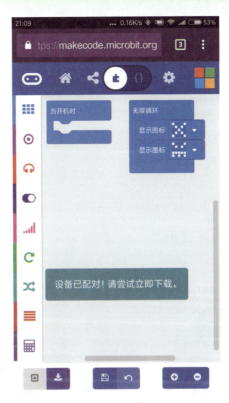

图 5-9 完成设备配对

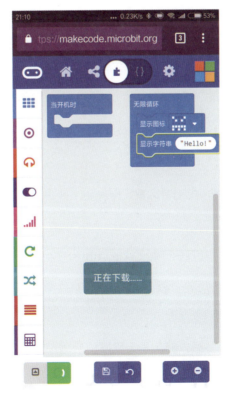

图 5-10 下载程序

特别注意：

- 因为手机的 USB OTG 性能通常比 PC 的低，所以下载同样的程序需要的时间会比较长。用 MakeCode 第一次下载程序时容易因为超时而失败，因此，最好先在计算机上用 MakeCode 下载一次程序，再用手机下载就不会出错了。
- 计算机同样也支持 webusb 功能，使用方法是相同的。
- 使用 webusb 方式下载程序时，不需要下载完整的 HEX 文件（已经下载过 MakeCode 程序后），只需要下载用户程序中修改的部分，所以下载速度会很快。

5.2 MakeCode 中的实验功能

新版本的 MakeCode 也像谷歌浏览器那样开放了实验功能，将一些正在开发中的重要功能开放出来，让爱好者提前体验。同时，也可以收到爱好者对这些功能的反馈意见和使用数据，为今后的开发提供参考。虽然实验功能仍在开发中，在使用中可能会遇到一些问题，但是它们已经可以为使用者带来很多方便，因此这里也特别给大家介绍一下。

5.2.1 开启实验功能

在 MakeCode 中，实验功能默认是关闭的，需要手动开启才能使用。开启实验功能的方法如下。

首先，需要安装一个谷歌浏览器 chrome（或者谷歌内核的浏览器），浏览器内核的版本需要大于 67。

其次，在谷歌浏览器中打开 MakeCode（https://makecode.microbit.org/#editor），并单击编程界面的右上角齿轮，就可以在显示的菜单最下方看到"关于…"菜单项，如图 5-11 所示。

单击菜单的"关于…"后，就会显示程序的版本信息。在"确定"按钮左边，是"Experiments"（实验功能）按钮，如图 5-12 所示。

第 5 章 应用技巧

图 5-11 找到"关于..."菜单

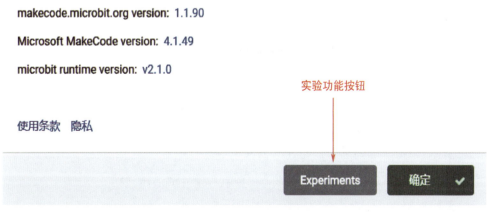

图 5-12 实验功能按钮

单击"Experiments"按钮，显示出当前开放的实验功能列表（数量可能会随版本不同而变化）。单击其中一个实验功能的图标，即可允许或者禁止一个

相应功能。允许的功能右上角图标处会变为绿色，而禁止的功能右上角图标处是灰色，如图 5-13 所示。

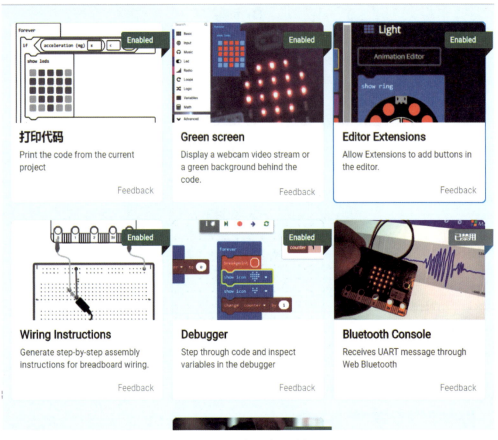

图 5-13　实验功能列表

5.2.2　打印代码功能

允许打印代码功能后，在齿轮下的菜单中，会多出一个"打印"功能。它可以将程序、使用的扩展等内容打印出来，方便制作课件和演示文档。

注意在图形化编程和代码编程两种方式下，打印的效果是不同的，如图 5-14 和图 5-15 所示。为了让打印效果更清晰，建议图形化编程以单色方式打印，此时显示积木边框效果最佳。

第 5 章　应用技巧

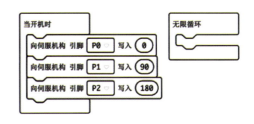

图 5-14　图形化编程方式下打印效果

图 5-15　代码编程方式下打印效果

5.2.3 绿屏功能

在目前开放的实验功能中，有一个特别有趣的绿屏功能（Green Screen）。这个功能可以将编程区域的背景设置为绿色背景，或者设置为摄像头拍摄的实时画面，如图 5-16 所示。

图 5-16　MakeCode 的绿屏功能

在将编程背景设置为摄像头画面时，可以将制作的实物、运行环境、程序界面呈现在一个画面中，富有趣味性。这个功能也是教学中经常使用的有效演示工具。

首先在实验功能中开启绿屏功能（Green Screen），此时在项目菜单中就会显示出"绿色屏幕开启"功能菜单，如图 5-17 所示。

单击这个菜单项，就会弹出一个选择框，可以选择使用"绿色背景"或者使用摄像头摄取画面，如图 5-18 所示。如果手机或平板电脑上有多个摄像头（前后摄像头）时，还可以选择使用哪一个摄像头拍摄画面。

图 5-17　开启绿色屏幕功能

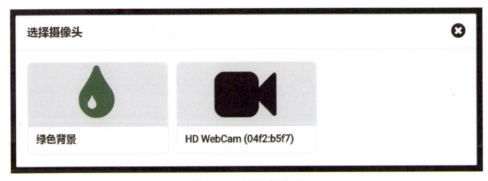

图 5-18　选择摄像头

如果选择摄像头，就可以将实时拍摄的画面作为编程背景，进而可以创意地得到非常好的展示效果，如图 5-19 所示。

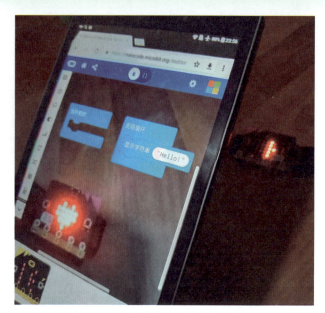

图 5-19 将拍摄画面作为编程背景

5.2.4 调试功能

调试功能也是 MakeCode 新版本（V1 版）提供的一个非常重要的功能，可以帮助大家在编写程序时设置断点、查找错误，从而完善程序。

对于一个比较复杂的程序，一般很难一次编写成功，通常需要经过多次修改和调试，才能最终完成。在 MakeCode 旧版本中并没有提供调试功能，只能通过下载程序，观察程序在 micro:bit 板上运行的实际效果来判断程序是否正确，不但烦琐、效率低，也容易损坏硬件（主芯片是有写入次数限制的）。

虽然模拟运行功能可以帮助查找程序错误、模拟实际效果，但是很多时候使用不够方便，不能直观感受程序运行过程中的状态，不能观察问题发生时的情况。使用调试功能可以进一步增强模拟运行时的仿真功能，在需要的位置设置断点（暂停程序运行），观察变量和数据，更加快速精细地完成软件开发。

如何使用调试功能呢？

首先，在实验功能图标中单击"调试器"图标，图标右上角显示由"已禁用"变成"已启用"，调试功能开启。回到主界面，可以在"下载"按钮的左边看到多出一个标有虫子图案（bug 是臭虫的英文单词，也常用于形容程序中隐藏的错误）的按钮，如图 5-20 所示。

第 5 章　应用技巧

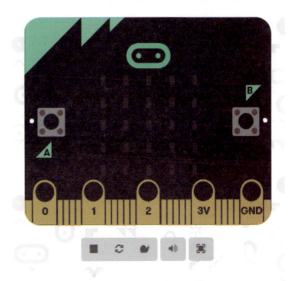

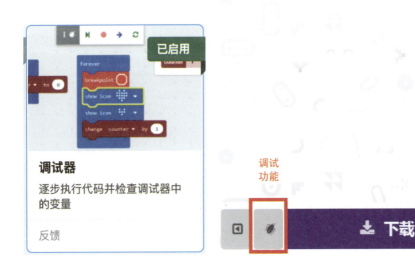

图 5-20　开启调试功能

当初步完成程序设计，并通过模拟器模拟运行时，单击虫子按钮，进入调试模式。这时虫子按钮会变成橙色，同时在图形化编程区上半部分会出现一排调试器按钮。如果单击暂停按钮，程序区的右上角还会自动显示当前使用变量的数值，如图 5-21 和图 5-22 所示。

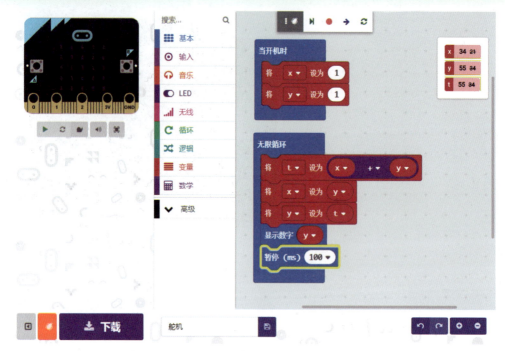

图 5-21 调试功能下的程序界面

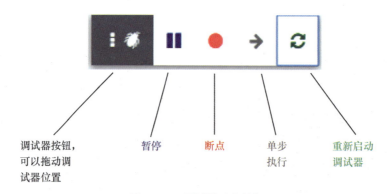

图 5-22 调试器功能按钮

暂停：单击调试器中的暂停按钮，可以暂停正在运行的程序，当再次单击暂停按钮时会继续运行程序。

断点：单击断点按钮，将会在程序区添加一个断点功能的编程模块，可以将它插入到程序中需要的位置。程序运行到断点模块时自动暂停，不用每次单击暂停按钮。

如果希望临时取消断点功能，可以单击断点模块上的红色按钮，按钮变为黑色时临时取消断点功能，再次单击则恢复为红色，重新启用断点功能，如图 5-23 所示。

第 5 章 应用技巧

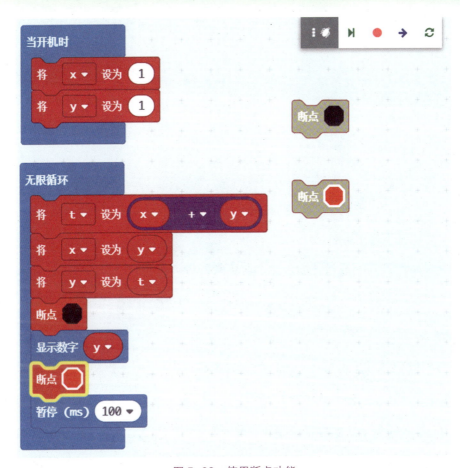

图 5-23 使用断点功能

在代码编程方式下，也可以使用调试功能，如图 5-24 所示，但不能直接观察变量，也不能设置断点，只能单步执行程序。

图 5-24 代码编程方式下使用调试功能

灵活使用调试功能，会给编程应用带来方便，能快速准确地找出错误，大幅提高工作效率。

注意，调试功能并不是传统开发那样针对硬件的调试，而是对于软件模拟方式的调试。

调试功能和慢动作方式的区别：

- 调试功能可以在需要的地方设置断点，观察这个时刻程序的运行状态和变量的数值。但调试功能只在模拟运行时有效，当程序下载到micro:bit后调试功能就不起作用了。

- 慢动作方式不能设置断点，不能查看变量。在模拟运行时，慢动作方式以较慢的速度执行程序，同时将正在执行的程序块用黄色框框起来，以方便观察程序的运行进程。

5.2.5 接线说明功能

使用组装指导功能，不仅可以很好地虚拟出硬件搭建效果，还能指导学习过程中如何正确地按照一定顺序搭建硬件环境，并生成硬件搭建报告，是帮助学习硬件搭建的好助手。

当程序中用到音乐、舵机、Neopixel彩灯等需要连接外部引线才能进行的实验时，接线说明就可以自动生成一个可以打印的组装指导文件，方便按照一定步骤进行组装，减少出错概率。

当在实验功能中允许了"接线说明"（Wiring Instructions）后，如果程序使用了需要接线功能的模块（如舵机），则在模拟运行的控制按钮最左边，就会多出一个扳手图标的按钮，这个按钮就是接线说明按钮，可以打开组装指导功能（参见图5-25）。

单击"接线说明"按钮后，就会在浏览器中自动产生一个可以打印的组装指导文件，里面用图形方式显示了制作这个程序所需要的零件、导线，以及每一步的组装过程，非常详细。我们可以将这个文件打印出来，制作成硬件搭建图纸，也可以保存为pdf文件（参见图5-26）。

组装指导图如图5-27所示。

第 5 章　应用技巧

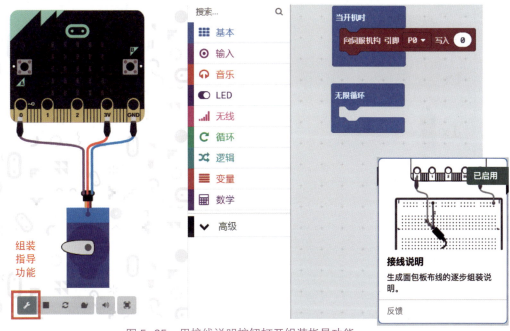

图 5-25　用接线说明按钮打开组装指导功能

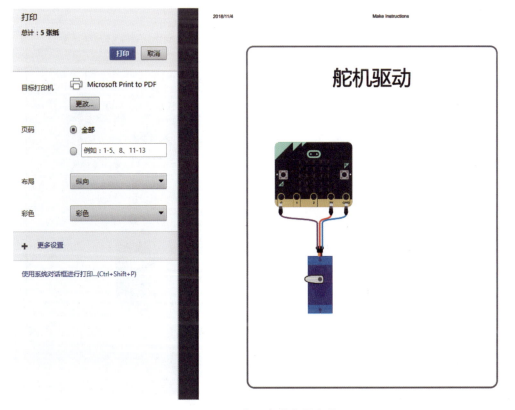

图 5-26　打印组装指导文件

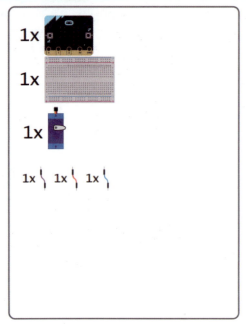

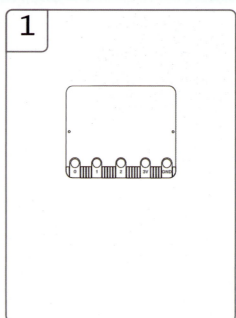

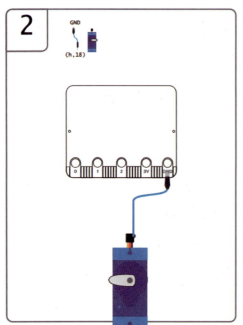

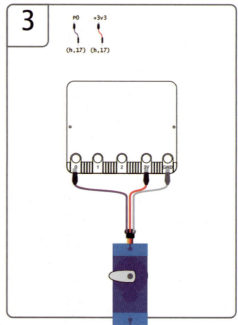

图 5-27　组装指导图

5.3　图形方式辅助学习代码编程

对于图形化编程，大部分人不需要特别学习就能快速掌握。而代码编程就复杂得多，需要从基本语法开始，学习变量、计算、逻辑、循环等各种用法，再学习函数、接口等功能，是一个较长的学习过程。

PythonEditor、EduBlocks、MakeCode 等软件同时支持图形化编程和代码编程两种方式（参见图 5-28），而且图形化编程时可以自动产生对应的代码，这给学习代码编程带来了很大方便。不但可以快速查看图形功能对应的代码，也可以学习基本语法、程序结构、常用函数等。

图 5-28　图形化编程和代码编程

5.4　MakeCode 编程技巧

虽然 MakeCode 功能强大、使用简单，但是它也有一些限制，无法使用常规方法调试程序、查看变量，只能将程序下载到 micro:bit 中进行验证，这使得编写复杂程序的难度大，不方便调试和查找问题。下面总结了一些常用的开发技巧，如能在软件开发中灵活使用，一定可以对编程起到很大帮助。

5.4.1　使用模拟运行

在 MakeCode 中有一个非常重要的功能就是模拟运行，当我们使用图形化编程或者代码编程写好程序后，模拟器可以在计算机或者手机上模拟 micro:bit 运行情

况，展示效果。比如在 LED 屏幕上显示文字、进行数学计算、读取传感器的数值、播放音乐、无线通信等。这样的好处是在我们下载程序到 micro:bit 之前，可以通过模拟运行功能预先检查出程序存在的明显错误，如图 5-29 所示。

使用模拟运行功能可以不用等待程序下载，加快了程序编写速度，提高了编程效率。模拟运行功能还可以减少程序下载到 micro:bit 的次数，减少 micro:bit 上主芯片的损耗（芯片内部的 flash 是有下载次数限制的）。

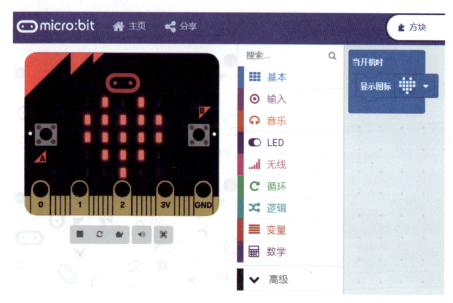

图 5-29　模拟运行功能

5.4.2　使用调试功能

调试功能（Debugger）是 MakeCode V1 新提供的一个实验功能，可以在编写程序时设置断点、查看变量，弥补模拟运行功能的不足。调试功能的使用请参见 5.2.4 节。

5.4.3　使用串口发送数据

虽然有模拟运行和调试功能，但有些时候还是无法满足需要，不能方便和及时地查看实际运行状态和关键变量的变化。这时可以将需要的变量或数据通过串口发送出来，通过 MakeCode 自带的显示控制台或者其他串口软件查看，并进行分析。发送时使用"串行写入数值"功能，可以方便地区分多个不同的数据。如图 5-30 所示。

第 5 章 应用技巧

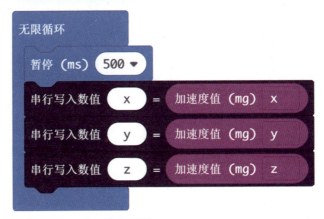

图 5-30 串口发送数据

5.4.4 使用 MakeCode 离线版

MakeCode 在线编程虽然方便，但是无法脱离网络运行，在没有网络的地方就无法使用。有的地方网络状况不好，也会对使用 MakeCode 造成很大影响。而 MakeCode 离线版就可以很好地解决网络问题，即使没有网络也可以方便地编写和调试程序。离线版的使用方法和在线版完全一样，在联网状态下，离线版还可以添加扩展。使用 MakeCode 离线版如图 5-31 所示。

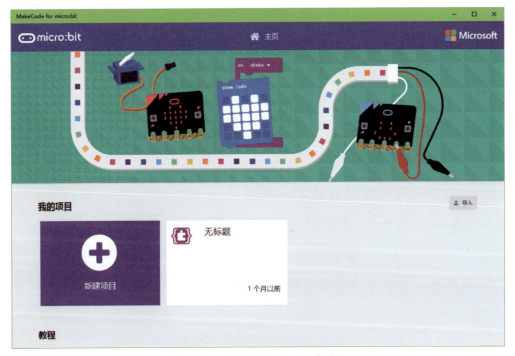

图 5-31 使用 MakeCode 离线版

5.4.5 灵活使用扩展

MakeCode 的扩展（旧版本称作软件包）是其一大特色，不但可以极大地扩展 MakeCode 功能，也可以简化编程。

对于有经验的开发者，可以将一些复杂的功能，比如函数计算、控制算法、控制流程、传感器驱动、通信等，封装到扩展中，这样就可以更方便地编程应用，优化编程过程，也方便程序管理。

合理使用扩展功能不仅可以增加硬件功能，还能提高程序工作效率，简洁地表达程序流程，提高编程能力和技巧。

5.4.6 使用 Python 辅助编程

MakeCode 的图形化编程虽然方便，但是程序调试是它的一个弱项。虽然前面介绍了几种方法，但是对于复杂程序的调试有时还较困难。而在 Python 编程时，有一个非常好用的 REPL（Read-eval-print-loop，也称为交互式解析器）。

使用 Python 的 REPL，无须下载程序到芯片就可以直接编写和运行程序，不但快速方便，也容易查找错误，方便调试。并且 micro:bit 的 Python 和 MakeCode 功能类似，除了没有游戏、蓝牙功能和后台运行等功能外，MakeCode 的其他功能 Python 都有，用法也几乎是相同的，甚至使用更容易。

因此，我们可以先在 Python 中编写和调试程序，等程序调试完成后，再移植到 MakeCode 上。这样不但解决了 MakeCode 不方便调试的问题，还可以让我们同时学习 Python 和 Javascript 编程。这种方法需要同时对 Python 语言和 Javascript 语言有一定了解，经过一定时间和编程数量的实践，相信我们都能做到。

5.4.7 使用代码编程方式输入程序

在有些情况下程序中需要输入较多的数据。比如为一个数组赋值，如果数组只有几个元素比较容易；如果有数十个元素，通过图形化方式输入显然非常烦琐，也容易出错。我们可以用下面方法快速完成数据赋值，如图 5-32、图 5-33 和图 5-34 所示。

其他较复杂的程序同样也可以用类似方法。例如多个 if else 判断语句、创建多个变量、循环嵌套等。

第 5 章　应用技巧

图 5-32　先创建默认数组

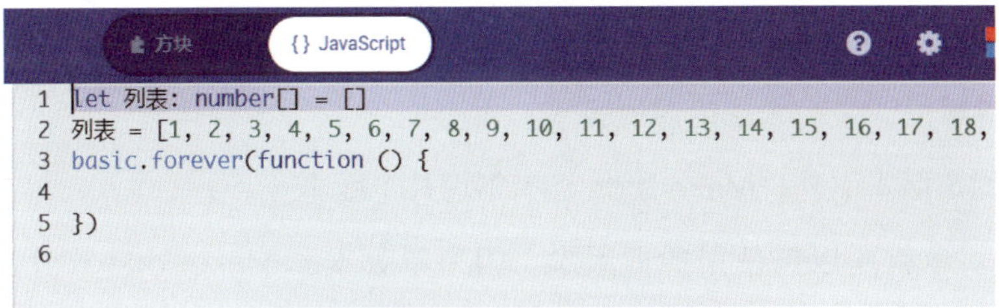

图 5-33　切换到代码编程方式，输入数据

图 5-34　最后返回图形化编程方式，自动完成数据输入

附录 A　MakeCode 的几种版本

MakeCode 同时有多种版本，我们通常使用的是稳定版。它是经过反复测试后确定稳定性最好、没有太多错误的版本。

除了稳定版本之外，MakeCode 还有下面几个版本。

v0 版，也就是以前使用的旧版本。因为新版本的 MakeCode 对少数用 v0 版本编写的程序存在兼容性问题，不能正常运行，所以，可以继续通过 v0 版本的 MakeCode 开发旧程序。

测试版，正在开发中的版本。这个版本通常会提供一些正在开发中的新功能，但是稳定性稍差，可能存在一些错误，还需要继续改进和测试。

1. MakeCode 各版本网址

可以通过以下网址进入不同版本 MakeCode。

- 稳定版：

  https://MakeCode.microbit.org；

- v0 版（旧版本）：

  https://MakeCode.microbit.org/v0；

- v1 版：

  https://MakeCode.microbit.org/v1；

- v2 版：

  https://MakeCode.microbit.org/v2；

- 测试版：

  https://MakeCode.microbit.org/beta。

2. 新旧版本 MakeCode 的主要区别

MakeCode 在 2018 年 10 月 26 日，从旧版本（V0 版）升级到新版本（V1

附录 A MakeCode 的几种版本

版），此时的 V1 版相对 V0 版，有了很大的变化，不仅带来了全新的界面，而且增加了很多新的功能，还支持浮点数计算等。

主要变化：

- 新的个人主页

  为了使入门体验更直观，将"项目"菜单中的所有内容移动到这个新增的个人主页"家"中。现在可以方便地打开例程和程序库。如果希望直接进入编辑器，可以直接访问网址：https://MakeCode.microbit.org/#editor。

- 新的 UI（界面）

  为了和 MakeCode 其他平台上的编辑器保持一致，软件界面从 Blockly 升级到新的 Scratch Blocks UI（实际上是 Blockly 和 Scratch 的组合），呈现扁平化图标风格。这个新渲染有一些很好的改进。

更新细节：

- 更大的编程模块，使采用触摸屏设备的用户更容易用手指拖放，更有效地使用空间，新旧编程模块的对比如图 A-1 所示。

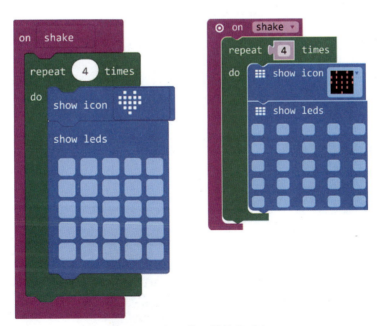

图 A-1 新旧编程模块的对比

- 不同数据类型使用不同形状。如布尔值具有六边形形状，而数字和文本的形状是圆形，如图 A-2 所示。

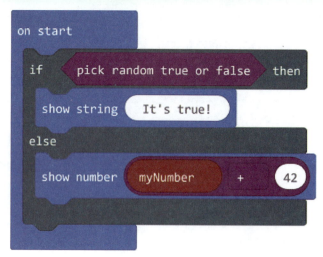

图 A-2　不同数据类型的形状

- 更形象的模块卡位指示，如图 A-3 所示。

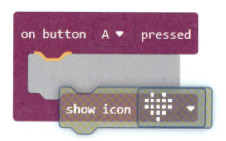

图 A-3　模块卡位指示

- 取消齿轮图标。由于很多人不知道通过齿轮使用 if else 功能，因此改为使用加号和减号来设置，更加直观。新旧设置方式对比如图 A-4 所示。

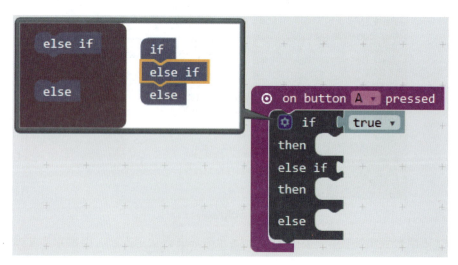

图 A-4　新旧设置方式对比

附录A MakeCode 的几种版本

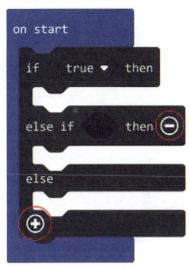

图 A-4 新的设置方式（续）

- 创建变量的过程更加清晰。

- 对 Radio API（无线功能编程接口）做了一些改动，使它们变得更简单。多数人不会注意到这些变化，如果你是一名高级无线电用户，可能会发现已经重新安排了无线数据包的接收方式。

- **支持浮点数功能**。这可能是 V1 版的最大改变，以前 MakeCode 只支持整数，现在可以使用浮点数了。如 3/2 等于 1.5，而不再是 1 了。

- 支持 webusb 功能，这是一个非常有用的功能，可以在浏览器中直接下载程序，而不用再复制文件到 micro:bit 了。

- 支持新版本的 micro:bit 传感器。因为旧型号磁场传感器停产，micro:bit 使用了新型号的传感器进行替换。旧版本 MakeCode 不支持新型号传感器，而新版本 MakeCode 同时支持新旧型号传感器。

- 实验功能，可以提前测试 MakeCode 正在开发的一些特有功能。

V2版的改进：

在 2019 年，MakeCode 再次进行了更新，增加了一些实用功能，修复了许多错误。以下是最主要的一些变化。

- 带参数的函数，如图 A-5 所示，现在可以将参数传递给函数。

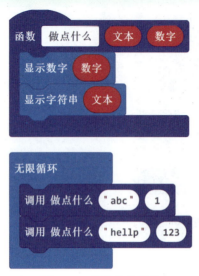

图 A-5 带参数的函数

- 绿屏功能

5.2.3 节介绍的绿屏实验功能，在 V2 版本中已经转为正式功能了。使用摄像头或绿屏作为工作区的背景，配合使用屏幕捕捉软件，可以在编辑器中录制演示或教程。

- 脚本管理器

MakeCode 的主屏幕现在包括搜索、复制、删除和列出项目的功能。如果在浏览器中保存了大量项目，使用这个功能将很方便。脚本管理器如图 A-6 所示。

图 A-6 脚本管理器

- 字符串中支持 UTF8 字符
- 更新了伺服功能

  扩展中的伺服功能模块经过改进，可帮助校准并更好地控制伺服电机。

- 更新了无线接收功能

  以前在无线接收功能里使用了可以修改的变量，现在使用固定名称作为接收值，如图 A-7 所示，因此它们也不会显示在"变量"分类中，也无法修改它们。

图 A-7　更新的无线接收功能

- 转换为字符串

  转换为字符串功能可以将数字和布尔值转换成字符串，如图 A-8 所示。

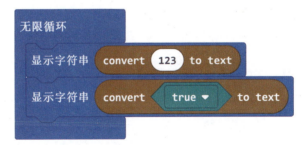

图 A-8　新增的转换为字符串功能

- 更新的文档

  更新了官方英文文档，增加了新的说明，修复了许多错误。

- 垃圾收集器

  引入了"垃圾收集器"来提高内存使用率，跟踪内存的分配和使用，以便在不再需要时自动释放它。

附录 B micro:bit 的 Python 彩蛋

彩蛋（Easter Egg）是一种趣味软件游戏。在很多软件中，开发者都隐藏了彩蛋，让使用者去发现，在使用软件的同时为使用者带来一些乐趣，也是一种技巧的展示。比如 Windows、MS Office、Photoshop、微信等许多软件中都隐藏了彩蛋。

在 micro:bit 的 Python 系统中，同样也隐藏了彩蛋，而且有三个。因为彩蛋隐藏在 Python 程序中，所以，首先需要下载一个 Python 程序到 micro:bit，推荐使用 mu。

最简单的方法是用 mu 下载一个空白程序到 micro:bit，然后在 mu 软件中打开 REPL 功能，按照下面方式就可以看到彩蛋了。

1. 彩蛋 1：microPython 之禅

在 REPL 的提示符 ">>>" 下输入 "import this"，就可以看到第一个彩蛋 "microPython 之禅"，这是仿照 "Python 之禅" 设计的。

```
>>> import this



The Zen of MicroPython, by Nicholas H. Tollervey

Code,
Hack it,
Less is more,
Keep it simple,
Small is beautiful,

Be brave! Break things! Learn and have fun!
Express yourself with MicroPython.

Happy hacking! :-)
```

附录B micro:bit 的 Python 彩蛋

翻译成中文，大致意思是：

microPython 之禅，尼古拉斯.H.托勒密

编程，

掌握它，

少即是多，

保持简单，

小而美。

勇敢点！打破限制！快乐学习！

用 microPython 来表达自己。

快乐的黑客！ :-)

2. 彩蛋2：爱心

在 REPL 下，输入"import love"，就可以在 micro:bit 的屏幕上看到一个闪动的心，非常有趣！

```
>>> import love
```

3. 彩蛋3：反重力

在 REPL 下，输入"import antigravity"，就可以看到一幅由有趣的文字组成的画面。

```
>>> import antigravity

+-xkcd.com/353-------------------------------------------+
|                                                        |
|                                            \0/         |
|                                            /\          |
|      You're flying!         MicroPython!   /|          |
|           How?                             \ \         |
|            /                                           |
|           0                                            |
|          /|\                                           |
|           |                                            |
|----____/_____   _____ |
|                                                        |
+--------------------------------------------------------+
```

左边小人：你飞起来了！怎样做到的？

右边小人：因为使用了 microPython！

附录 C 参考资料

- MakeCode 官方入门教程

  https://MakeCode.microbit.org/tutorials

- MakeCode 官方参考项目

  https://MakeCode.microbit.org/projects

- MakeCode 官方参考课程

  https://MakeCode.microbit.org/courses

- MakeCode 官方扩展列表

  https://MakeCode.microbit.org/extensions

- MakeCode 官方指南

  https://MakeCode.microbit.org/reference

- MakeCode 官方 Javascript 语言介绍

  https://MakeCode.microbit.org/javascript

- micro:bit 的 Python 编程参考

  https://microbit-microPython.readthedocs.io

- microPython/microbit 中文社区的 MakeCode 扩展

  https://GitHub.com/MakeCode-extensions

- microPython/microbit 中文社区的微信订阅号，可以及时了解最新动态

编程和计算思维是21世纪的基本技能

Coding and computational thinking are foundation skills for the 21st century

▶ micro:bit 同类图书

书名：micro:bit入门指南
书号：ISBN 978-7-121-32856-5
定价：49.00

书名：MicroPython入门指南
书号：ISBN 978-7-121-32846-6
定价：59.00

书名：用micro:bit学微软
　　　MakeCode Block Editor
　　　程序设计制作简单小游戏
书号：ISBN 978-7-121-35423-6
定价：49.00

书名：micro:bit 硬件指南
书号：ISBN 978-7-121-35932-3
定价：59.00